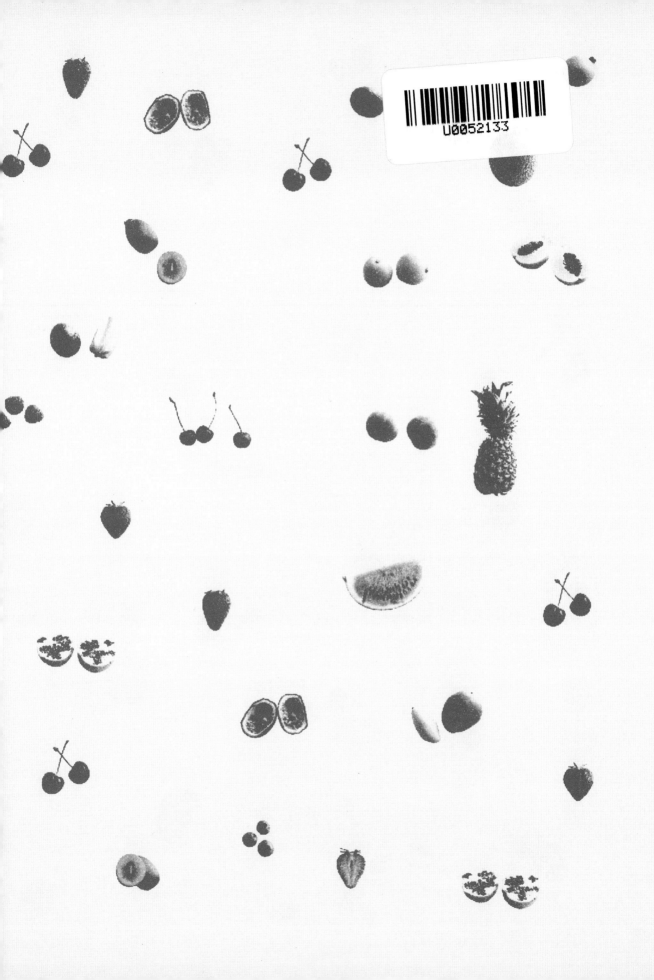

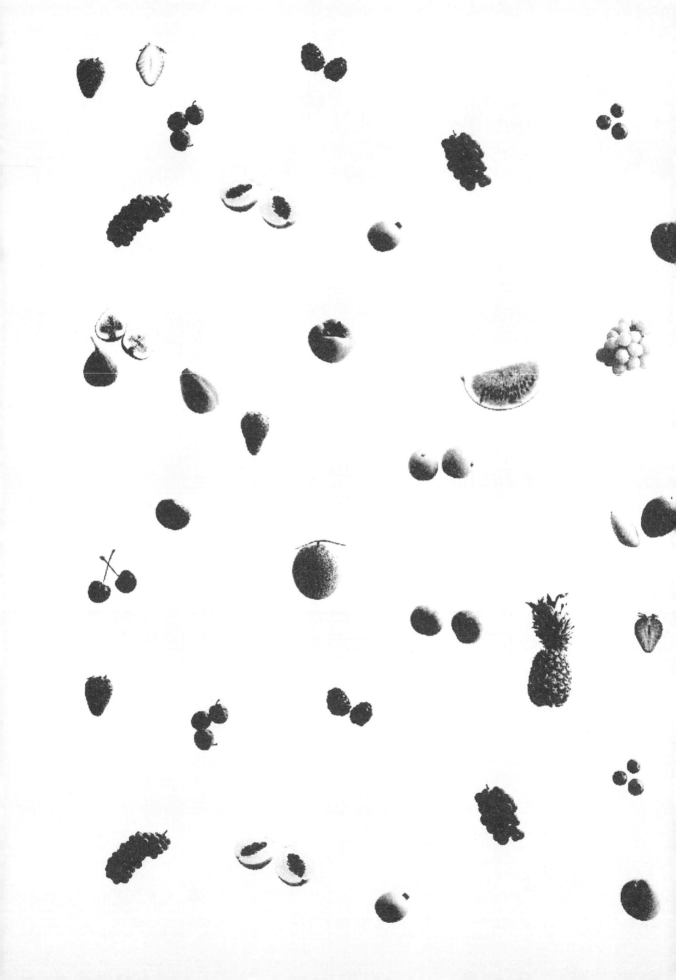

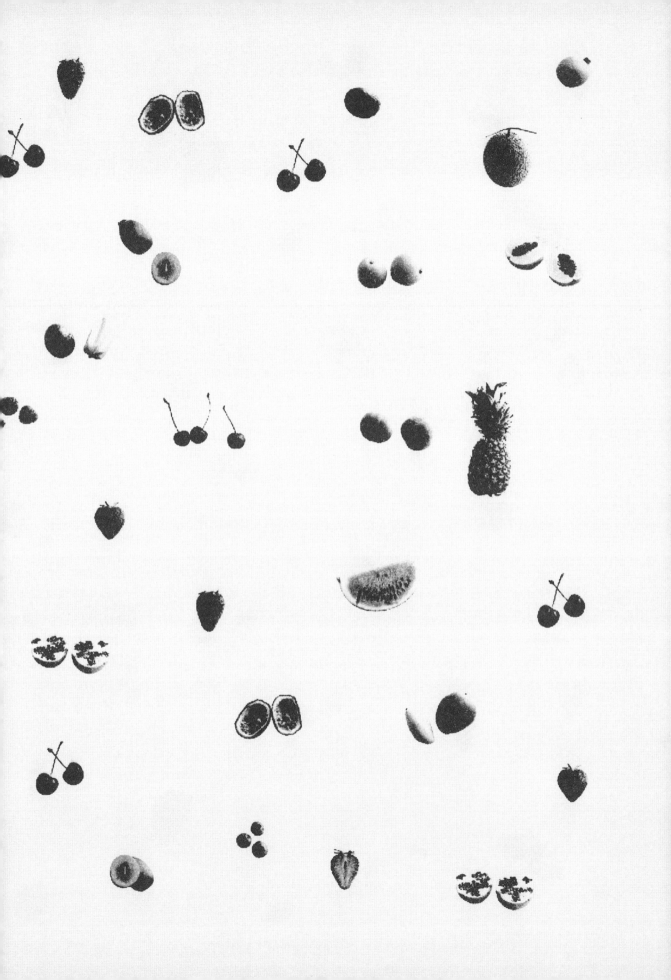

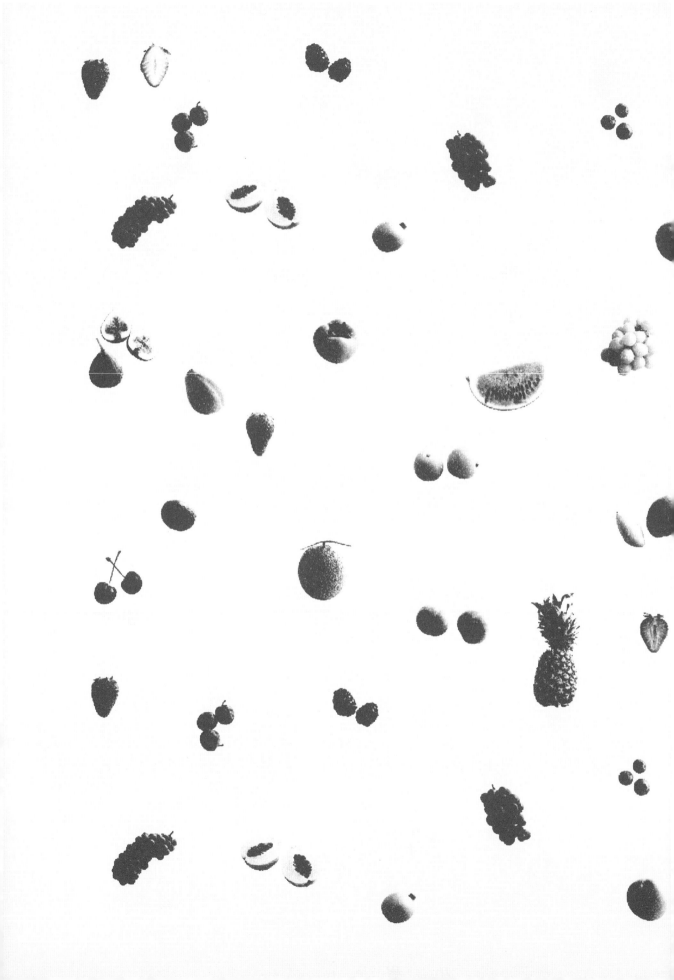

極致美味，味蕾覺醒！

好想吃一口的
幸福果物甜點

福田淳子

Contents

RECIPE NOTE

塔皮・海綿蛋糕の基本作法

All Season

四季皆美味的塔＆蛋糕

COLOR TART　色彩繽紛的水果塔

Spring

春天的塔＆蛋糕

Summer

夏天的塔＆蛋糕

Autumn

Winter

＜本書用法＞
■ 關於材料與份量
・書中所有水果塔與蛋糕的材料量，均為一個直徑18cm模型的份量。
・1大匙為15ml，1小匙為5ml。
・使用M號雞蛋，奶油則是無鹽奶油。
・砂糖以上白糖為主，也可改用特級砂糖。
・使用脂肪含量為42%的鮮奶油。
・烤箱的溫度及時間以瓦斯烤箱為標準，但依熱源及烤箱種類而有所差異，請視實際狀況調整。

■關於作法
・塔皮與海綿蛋糕的作法在P.49-64的RECIPE NOTE中有詳細解說，請先閱讀了解基礎作法，再製作書中的各項甜點。
・關於塔皮與海綿蛋糕的裝飾（例如抹平奶油的方法、鮮奶油打發的狀態、卡士達奶油的製作等），同樣也在RECIPE NOTE中一併說明。
　其中還包括一些技巧訣竅，製作過程不順利時，請翻閱RECIPE NOTE參考。

前言

春天的草莓俏麗可愛，甜中帶酸的滋味令人念念在心。甜美水嫩，是夏季的桃子。
秋天的葡萄在熟成甘美中帶著一絲豐富口感的澀味，呈現出大人的風味。
色彩鮮豔、香氣清新的柑橘類，是最吸睛的冬日水果。

在一年四季中相遇的各種水果，有如繽紛璀璨的寶石般美不勝收。
那充滿魅力、新鮮甜美的滋味，更是無法以三言兩語道盡。

面對如此美妙的水果們，我選擇了不論味道、香氣及外觀
都處於最佳狀態的當令水果來製作塔與蛋糕，
並且比平常更花費心思的盡情裝飾，將果物的魅力發揮到極致。

希望能讓各位在翻閱書頁時，一邊想著「這個蛋糕看起來好像很好吃」、
「那個水果塔也很讚」、「春天一到，就要來作這個蛋糕！」……
一邊在腦海中浮現四季風情，
就這樣沉浸於各式各樣與水果有關的回憶中。

若打開本書能讓你神馳嚮往、期待雀躍、心動不已，
單單如此，我已備感喜悅。

福田淳子

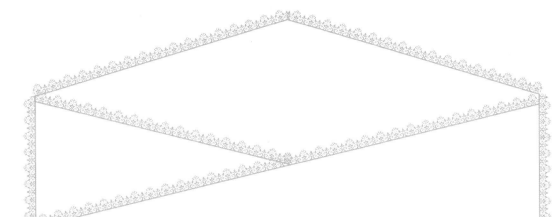

All Season

四季皆美味的塔&蛋糕

香蕉或柑橘類等一年四季都可以輕鬆取得的水果，
就像是一直在身邊給予支持的親友般，
令人備感親切又值得信賴。
將這些常見的水果鋪排在塔皮或蛋糕上盡情裝飾，
原本熟悉的身影也變得閃耀動人了呢！

Tart

一年之中隨時都能取得，而且香甜美味不變的香蕉，
在製作甜點時是非常可靠的水果。
豪邁的切成大塊裹上焦糖醬，堆疊在杏仁塔上。
藉由焦糖的微苦提味，瞬間將香蕉內斂的甘甜及醇厚口感凝縮得更可口。

香蕉焦糖塔

Recipe → *P.18*

Cake

「說到香蕉，就會想到巧克力！」
香蕉巧克力正是人氣最高的奶油蛋糕最佳組合。
若是再加點蘭姆酒當成隱味，深奧的味道將提升到連大人都能滿足。
再加上增添風味及口感的焦糖堅果，營造出華麗氛圍。

香蕉巧克力蛋糕

Recipe → *P.18*

Tart

塔皮裡填滿酸甜誘人的檸檬卡士達奶油餡，
宛如帽子般覆蓋其上的，是烤得如雲朵般輕柔的蛋白霜。
蛋白霜入口即化的溫順甜味中和了檸檬的酸度，變得清新爽口。
呈現雪白・淺黃・深褐三色的切片斷面，視覺上也同樣賞心悅目。

檸檬蛋白霜塔

Recipe → *P.19*

Cake

柑橘與奇異果交織的新鮮酸味與清爽甘甜，
創造出令人心情舒暢又元氣滿滿的維他命色蛋糕。
提升美味的小祕訣，就是在鮮奶油裡添加了君度橙酒。
雖然是常見的水果組合，鮮奶油蛋糕的風味卻瞬間變得好豐富。

柑橘&奇異果蛋糕

Recipe → *P.20*

Tart

甜點食材的天作之合，就是柑橘與巧克力這個定番組合的水果塔。
加入可可的塔皮帶著幾許苦甜，內餡使用香甜濃郁的甘納許巧克力奶油，
與堆得高高的柑橘一起放入口中，清爽酸甜的餘味久久不散。

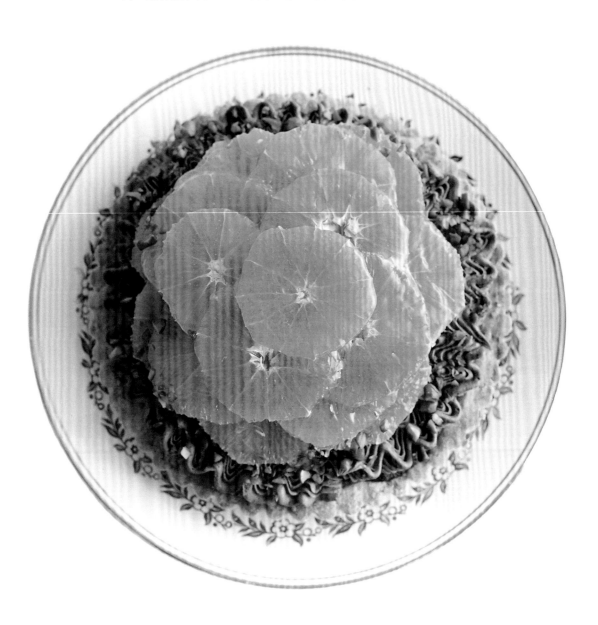

柑橘巧克力塔

Recipe → *P.20*

Cake

葡萄柚襯著加入蜂蜜的微甜鮮奶油，生薑扮演著提味的香料角色。
清新爽口的風味十分適合不耐甜味的人。
淺黃色的葡萄柚酸味較強，粉紅葡萄柚則是酸甜帶苦的深奧口味，
不同顏色的葡萄柚風味各異。為了讓味道更加豐富多元，建議多色混合。

葡萄柚薑味鮮奶油蛋糕

Recipe → *P.21*

COLOR TART 色彩繽紛的水果塔

經常被認為很難製作的塔類甜點，其實只要在基本款的塔底上
擺飾各色時令水果，就是一道美味好吃又可愛的甜點。
但是請務必要將水果放在廚房紙巾上確實去除水分喔！
裝飾水果的方法參照P.56，鏡面果膠的使用方式參照P.54。

Red
紅色水果塔

一邊以蘋果（先切成8等分的半月形，再切成
約1cm厚，為防變色要浸泡檸檬汁）、櫻桃、
草莓（若較大可切半）及覆盆子堆疊，一邊刷
上鏡面果膠，疊成小山狀即告完成。

Yellow
黃色水果塔

一邊以香蕉（切成1cm厚的輪狀，為防變色要
浸泡檸檬汁）、鳳梨、黃金奇異果（都切成
1cm厚的扇形）、黃桃（6至8等分的半月形）
及黃色西瓜（挖成球形）堆疊，一邊刷上鏡面
果膠，疊成小山狀即告完成。

Yellow green
黃綠色水果塔

一邊以哈密瓜（16等分的半月形再對切）、蘋
果（8等分的半月形再切成1cm厚，為防變色
要浸泡檸檬汁）、奇異果（一口大小）堆疊，
一邊刷上鏡面果膠，疊成小山狀，再裝飾細葉
芹即告完成。

Pink
粉紅色水果塔

一邊以桃子（6至8等分的半月形）、無花果
（去皮切成4等分的半月形）、粉紅葡萄柚
（分瓣剝去薄皮）堆疊，一邊刷上鏡面果膠，
疊成小山狀再裝飾薄荷葉即告完成。

香蕉焦糖塔 *(P.10)*

材料

【塔】

烤好的杏仁塔（P.50-P.53）　　　1個

【焦糖醬】 ＊會有剩餘份量

砂糖　　　　　　　　　　　　　100g
水　　　　　　　　　　　　　　2小匙
鮮奶油　　　　　　　　　　　　100ml

【鮮奶油】

鮮奶油　　　　　　　　　　　　120ml
焦糖醬　　　　　　　　　　　　40g

香蕉　　　　　　　　　　　　　3至4根
焦糖醬　　　　　　　　　　　　100g

核桃（烘烤過）・
糖粉・細葉芹　　　　　　　　　各適量

作法

1　製作焦糖醬

① 砂糖與水放入鍋中，一邊以中火加熱一邊輕輕搖動鍋子，煮至砂糖溶化。

② 糖漿呈焦茶色並散發出香味後熄火，加入退冰至常溫的鮮奶油，以橡皮刮刀充分混合，放至完全冷卻。

＊加入鮮奶油時會濺起，請注意。

2　製作焦糖鮮奶油・處理香蕉

① 將鮮奶油及步驟1製作的焦糖醬（40g）倒入調理盆，在大盆放入冰塊再放上調理盆，隔冰以電動攪拌器打發至八分發泡。

② 焦糖鮮奶油全部裝進星形花嘴的擠花袋中。

③ 香蕉剝皮後斜切四等分至五等分，再拌入步驟1的焦糖醬（100g）。

3　完成裝飾（a→b）

將香蕉堆疊在杏仁塔上。塔皮邊緣擠上鮮奶油，加上核桃裝飾，並且以篩網撒上糖粉，再點綴細葉芹。

香蕉巧克力蛋糕 *(P.11)*

材料

【海綿蛋糕】 基本款海綿蛋糕（P.58-P.61）

　　　　　　　　　　　1個（橫切成2片）

【焦糖堅果】 ＊會有剩餘份量

砂糖　　　　　　　　　　　　　100g
水　　　　　　　　　　　　　　2小匙
喜歡的堅果（烤過）　　　　合計100g

＊核桃・杏仁・開心果・榛果等

【鮮奶油】

鮮奶油　　　　　　　　　　　　400ml
苦甜巧克力（切碎）　　　　　　100g
蘭姆酒　　　　　　　　　　　　2小匙

香蕉　　　　　　　　　　　　　2至3根
糖粉　　　　　　　　　　　　　適量

作法

1　製作焦糖堅果

① 砂糖與水放入鍋中，一邊以中火加熱一邊輕輕搖動鍋子，煮至砂糖溶化。

② 糖漿呈焦茶色後倒入堅果，熄火拌勻，使堅果充分沾上焦糖醬。接著置於烘焙紙上放涼，冷卻至可用手觸摸的溫度後，將堅果切成適當大小。

2　製作巧克力鮮奶油・處理香蕉

① 將鮮奶油倒入鍋中開火加熱，沸騰後加入切碎的巧克力，改小火繼續加熱，並且以橡皮刮刀充分拌至完全溶化即熄火，降溫後放進冰箱冷藏。

② 將蘭姆酒及①的鮮奶油倒進調理盆，底部隔冰保持低溫，以電動攪拌器打至七分發泡。將1/3的量倒進另一個調理盆，其餘繼續打至八分發泡（七分發泡＝1/3量・八分發泡＝2/3量）。

③ 香蕉一半切成5mm厚，一半切成2至3cm厚。

3　完成裝飾（a→d）

① 在第一片海綿蛋糕抹上八分發泡的鮮奶油，鋪上5mm厚香蕉片再抹上同樣的鮮奶油，疊上第二片海綿蛋糕。

② 在海綿蛋糕表面及側面抹上八分發泡的鮮奶油，再以七分發泡的鮮奶油抹上修飾。在星形花嘴的擠花袋中裝進剩餘的鮮奶油（七分・八分一起／若鮮奶油變稀、變軟，可再次打發）在蛋糕表面擠花，放上2至3cm厚的香蕉。將焦糖堅果插在鮮奶油上作為裝飾，並以篩網撒上糖粉。

檸檬蛋白霜塔 *(P.12)*

材料

【塔】

烤好的單純塔皮（P.50-P.52）	1個

＊沒有填入杏仁奶油等內餡，烘烤好的塔皮。

【奶油】

蛋黃	4個份
砂糖	70g
低筋麵粉	35g
牛奶	180ml
奶油	30g
檸檬汁	70ml

【蛋白霜】

蛋白	4個份
砂糖	50g
檸檬汁	1小匙
檸檬皮絲	1/2個

糖粉・檸檬薄片・薄荷葉	各適量

作法

1 製作奶油餡

參照P.63卡士達奶油的作法，以左側的份量製作（不加香草籽）。奶油餡完全冷卻後拌至滑順狀，再逐量倒入檸檬汁混合。

2 製作蛋白霜

① 將蛋白倒入調理盆，底部隔冰以電動攪拌器打發至尾角可稍微立起後，分兩次倒入砂糖，再繼續打至尾角挺立的硬性發泡程度。最後倒入檸檬汁及檸檬皮絲，充分混合後裝進星形花嘴的擠花袋內。

② 烤盤鋪上烘焙紙，刷上薄薄的植物油（份量外），然後以繞圈方式將①的蛋白霜擠成約直徑18cm的圓，再仔細的向上疊呈小山狀，最後以篩網撒上糖粉（a）。

③ 將蛋白霜放進預熱至200℃的烤箱烘烤10分鐘，再降至150℃續烤約10分鐘，取出放涼。

＊高溫容易導致烤焦，請一邊觀察一邊烘烤。

3 完成裝飾（b→d）

以卡士達奶油餡填滿塔皮部分，再放上烤好的蛋白霜。最後以篩網撒上糖粉、裝飾檸檬切片及薄荷葉即可。

香蕉焦糖塔

香蕉巧克力蛋糕

檸檬蛋白霜塔

柑橘&奇異果蛋糕 (P.31)

材料

【海綿蛋糕】

基本款海綿蛋糕（P.58-P.61）
1個（橫切成3片）

【鮮奶油】

鮮奶油	300ml
砂糖	2大匙
君度橙酒	1大匙
柑橘・奇異果	各4個
鏡面果膠	適量

作法

1　處理水果

① 柑橘剝皮，分瓣後小心去除外層薄皮。奇異果削皮切成5mm厚的半月形。

② 將步驟①的水果排列置於廚房紙巾上約2小時，確實去除水氣。

2　製作鮮奶油

① 將鮮奶油、砂糖及君度橙酒倒入調理盆，底部隔冰以電動攪拌器打至八分發泡。

② 將3/4量的鮮奶油裝進星形花嘴的擠花袋中。

3　完成裝飾（a→d）

① 在第一片海綿蛋糕上擠滿鮮奶油，避開中間鋪上柑橘及奇異果，再擠上少許鮮奶油。接著疊上第二片海綿蛋糕，重複相同作法後，再疊上第三片海綿蛋糕。

② 將調理盆裡1/4量的鮮奶油抹在最上層，並由中心開始依奇異果→柑橘的順序排成花瓣狀，再於水果表面刷上鏡面果膠。

柑橘巧克力塔 (P.14)

材料

【塔】

烤好的可可杏仁塔	1個

＊參照P.50-P.53的基本款作法烘烤，
　但是填入的杏仁奶油餡變更部分材料如下。
◆低筋麵粉20g→改成低筋麵粉10g＋可可粉10g

【鮮奶油】

鮮奶油	150ml
苦甜巧克力（切碎）	40g
君度橙酒	1大匙
柑橘	3個
鏡面果膠・開心果	各適量

作法

1　處理柑橘

柑橘剝皮後橫切成5mm厚，排列置於廚房紙巾上約2小時，確實去除水氣。

2　製作巧克力鮮奶油

① 將鮮奶油倒入鍋中加熱，沸騰後加入切碎的巧克力，熄火。

② 充分混合後，再以弱火加熱至巧克力完全溶解。降溫後放進冰箱冷藏。

③ 將②的巧克力鮮奶油及君度橙酒倒入調理盆，底部隔冰以電動攪拌器打至八分發泡。

④ 全部裝進排花嘴的擠花袋中。

3　完成裝飾（a→d）

在可可杏仁塔上擠滿巧克力鮮奶油，先鋪上6片柑橘，然後依序遞減（4片→2片）疊成小山狀，再於柑橘表面刷上鏡面果膠，最後灑上切碎的開心果裝飾。

葡萄柚薑味鮮奶油蛋糕 *(P.15)*

材料

【海綿蛋糕】

薑味海綿蛋糕　　　　　　1個（橫切成3片）

＊參照P.58-P.61的基本款海綿蛋糕作法，但是加入牛奶
混合後，再倒入1小匙的薑末，其餘作法皆同。

【鮮奶油】

鮮奶油　　　　　　　　　300ml

蜂蜜　　　　　　　　　　2大匙

葡萄柚（黃色‧粉紅色）　各2個

鏡面果膠‧薄荷葉　　　　各適量

作法

1　處理葡萄柚

① 葡萄柚去皮後分瓣，再小心剝去外層的薄皮。

② 將①的葡萄柚排列置於廚房紙巾上約2小時，確實去除水氣。

2　製作蜂蜜鮮奶油

① 將鮮奶油及蜂蜜倒入調理盆，底部隔冰以電動攪拌器打至八分發泡。

② 將3/4量的鮮奶油裝進星形花嘴的擠花袋中。

3　完成裝飾（a→d）

① 在第一片海綿蛋糕擠滿鮮奶油，避開中間鋪上葡萄柚，再擠上少許鮮奶油。接著
疊上第二片海綿蛋糕，重複相同作法後，再疊上第三片海綿蛋糕。

② 調理盆裡1/4量的鮮奶油抹在最上層，由外側開始以粉紅葡萄柚→黃色葡萄柚的
順序排成花瓣狀，再於葡萄柚表面刷上鏡面果膠、裝飾薄荷葉即可。

柑橘＆奇異果蛋糕

柑橘巧克力塔

葡萄柚薑味鮮奶油蛋糕

Spring

春天的塔 & 蛋糕

草莓、覆盆子、藍莓……
微涼春天正是莓果們在超市現身的季節。
尤其是形狀可愛、酸甜多汁的草莓，不分品種大小，隨便拿都好吃。
基本款的原味塔皮也好、海綿蛋糕也好，只要搭配鮮奶油與草莓，
立刻就會成為迷人可愛又美味誘人的甜點，真的很不可思議。
那麼，一起來作加入大量草莓的水果塔及蛋糕，感受春天到來的腳步吧！

Tart

在鮮奶油中加入馬斯卡邦起司，作成新鮮的提拉米蘇水果塔。
滿眼的鮮奶油看似甜膩，其實佐上了大量的草莓及鮮美的草莓醬，
酸中帶甜的風味加上多汁果粒，真是好吃極了！
純白與豔紅草莓的搭配顯得羅曼蒂克，最適合春天了。

草莓提拉米蘇塔

Recipe → *P.34*

Cake

雖然一年到頭都可以在店裡看到草莓鮮奶油蛋糕，但如果要親手製作，
就一定要選在盛產的春天，然後奢侈的鋪上滿滿的草莓。
以夾心方式組合鮮奶油與水果的蛋糕，三層的美味平衡絕對大贏二層的蛋糕。
讓海綿蛋糕、水果與鮮奶油各自擁有的美味，在口中完美結合吧！

草莓鮮奶油蛋糕

Recipe → *P.34*

Tart

在香草風味濃郁的卡士達奶油上放滿藍莓的簡單水果塔。
裝飾用的動物小餅乾，是以剩餘的塔皮作成，
既可滿足玩心又能拿來當作可愛的裝飾，真是一舉兩得呢！

藍莓卡士達水果塔

Recipe → *P.35*

Cake

如果海綿蛋糕與鮮奶油全都不放砂糖，改以楓糖來製作，
就可以作出馥郁香氣在口中擴散開來的美味蛋糕。
在香甜風味的口感中注入鮮明滋味的水果，正是藍莓。
裝飾上一併使用了同樣散發春天氣息的砂糖漬紫羅蘭。

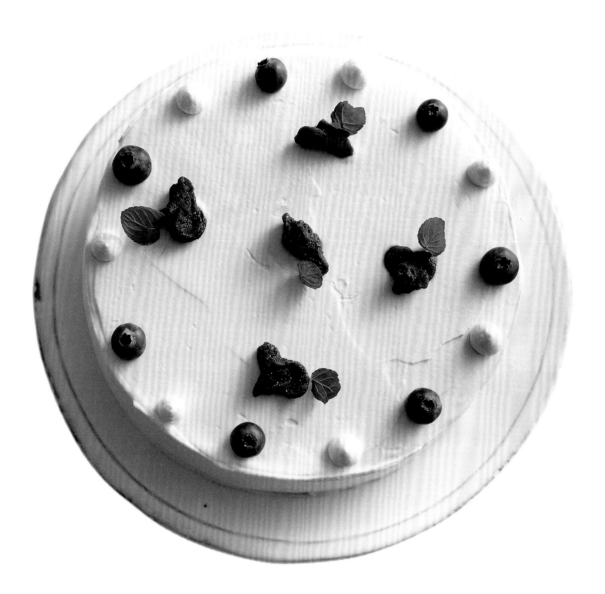

藍莓楓糖鮮奶油蛋糕

Recipe → *P.36*

Tart

以酸酸甜甜的覆盆子果醬為底，搭配濃醇的白巧克力鮮奶油，
立刻轉身一變，成為清新爽口的覆盆子塔。
覆盆子果醬請務必親手製作。為了配合口感醇厚的鮮奶油，
在此將特地使用縮減砂糖用量，突顯覆盆子酸味的獨家食譜。

覆盆子白巧克力塔

Recipe → *P.36*

Cake

配合水果塔而製作的覆盆子果醬，搭配蛋糕也同樣美味！
覆蓋在海綿蛋糕表面的果醬，閃耀著鮮紅晶亮的誘人光芒……
將春天的當季水果大量製成果醬，應用在塔類甜點或蛋糕上吧！
在蛋糕的鮮奶油裡加入煉乳，增添更香濃的牛奶風味。

覆盆子奶香鮮奶油蛋糕

Recipe → *P.37*

Tart

人人都愛的莓果塔，作法其實非常簡單。
只要在烤好的塔上一邊堆疊水果一邊抹上鏡面果膠就大功告成了。
通常放上大量果物的水果塔價格也比較高，若是自家製就沒這層顧慮。
既然都特意動手製作了，當然要豪邁的放滿愛吃的莓果囉！

莓果塔

Recipe → *P.37*

Cake

這個擁有無與倫比可愛粉紅色的鮮奶油蛋糕，
由於鮮奶油中摻入了很多優格，因此口感格外清爽。
是即使不愛甜食的男性也會喜歡的口味。
裝飾的重點在於星形花嘴，使用齒數多的星形會讓可愛度提升。

粉紅優格草莓鮮奶油蛋糕

Recipe → *P.38*

Tart

抹茶口味的奶油餡，配上顆粒紅豆鮮奶油及鹽漬櫻花，完成純和風的口味。
中央柔軟的鹽漬櫻花果凍，淡淡的鹹味在甜點中起了畫龍點睛的作用。
美麗的模樣好似一朵盛開在塔上的櫻花，
再加上初次嘗到的美味，勢必會讓招待的來客驚豔不已呢！

櫻花抹茶塔

Recipe → *P.38*

Cake

在入口瞬間化開的紅茶香氣，尾韻中隱含著纖細的玫瑰氣息。
加入芳香迷人的伯爵紅茶茶葉，烘烤出柔軟的海綿蛋糕，
再抹上玫瑰果醬，疊加出玫瑰香氣。明明是十分簡約的裝飾，
低調的風格反倒營造出華麗感與浪漫氛圍。

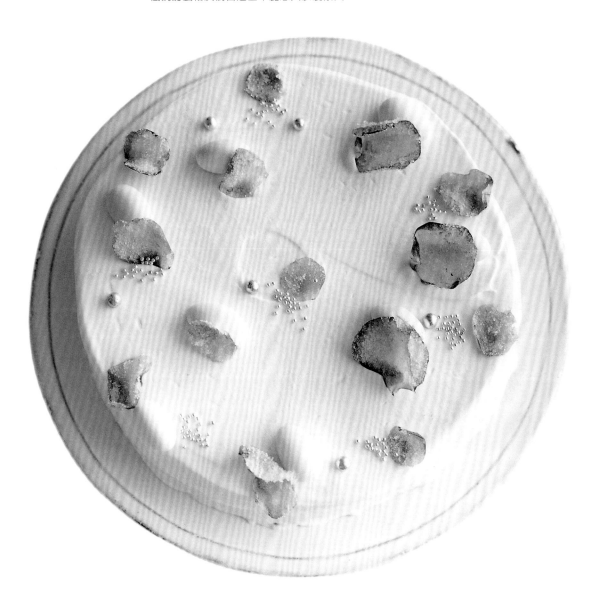

玫瑰紅茶鮮奶油蛋糕

Recipe → *P.39*

草莓提拉米蘇塔 *(P.24)*

材料

【塔】

烤好的杏仁塔（P.50-P.53）	1個

【草莓醬】

草莓	150g
砂糖	2大匙
櫻桃白蘭地（Kirsch）	1大匙
檸檬汁	1大匙

【鮮奶油】

優格	100g
馬斯卡邦起司	100g
砂糖	3大匙
鮮奶油	200ml
手指餅乾（市售）	8至10根
草莓	150g
銀珠糖・草莓粉	各適量

作法

前置作業

將優格放在鋪上厚厚一層廚房紙巾的篩網或竹簍中一晚，脫水至50g。

1　製作草莓醬

① 將草莓醬的所有材料放進果汁機打勻。

② 取出一半的量，將手指餅乾放入染色。

2　製作兩種鮮奶油

【起司鮮奶油】

① 將脫水優格、馬斯卡邦起司及砂糖（2大匙）放進調理盆，以打蛋器拌勻至滑順狀。

② 在另一個調理盆裡倒入鮮奶油（150ml），底部隔冰以電動攪拌器打至九分發泡，再倒入①中混合。

【鮮奶油】

將鮮奶油（50ml）及砂糖（1大匙）倒入調理盆，底部隔冰以電動攪拌器打至八分發泡，再裝進排花嘴的擠花袋中。

3　完成裝飾（a→e）

① 在杏仁塔表面抹上約2大匙的草莓醬，稍微靜置待醬汁滲入，接著抹上起司鮮奶油，並放上充滿草莓醬汁的手指餅乾，再抹上剩餘的起司鮮奶油。

② 以鮮奶油擠花裝飾，並且放上新鮮草莓（大的可切成1/2至1/4大）。最後撒上銀珠糖，以篩網撒下草莓粉。

＊如果還有多餘的草莓醬，可淋在切片的草莓塔上一起吃。

草莓鮮奶油蛋糕 *(P.25)*

材料

【海綿蛋糕】

基本款海綿蛋糕（P.58-P.61）	
	1個（橫切成3片）

【鮮奶油】

鮮奶油	400ml
砂糖	2大匙
草莓	1盒（約300g）
鏡面果膠・砂糖・薄荷葉	各適量

作法

1　處理草莓

留下裝飾在蛋糕上的草莓（10至12個），其餘縱切成四等分的薄片。

2　製作鮮奶油

鮮奶油及砂糖倒入調理盆，底部隔冰以電動攪拌器打至七分發泡。取出1/3的量放入另一個調理盆，其餘繼續打至八分發泡（七分發泡＝1/3量，八分發泡＝2/3量）。

3　完成裝飾（a→e）

① 在第一片海綿蛋糕塗滿八分發泡的鮮奶油，避開中間鋪上草莓切片，再抹上薄薄的八分發泡鮮奶油。接著疊上第二片海綿蛋糕，重複相同作法後再疊上第三片海綿蛋糕。

② 蛋糕表面及側面先抹上八分發泡鮮奶油，再塗上七分發泡的鮮奶油修飾。在聖安娜花嘴（Saint Honoré Tip）的擠花袋中裝進剩餘的鮮奶油（七分、八分一起／若鮮奶油變稀、變軟，可再次打發）在蛋糕表面擠花。以預先留下的草莓裝飾（大的可對切），再於草莓表面刷上鏡面果膠，以篩網撒下糖粉，放上薄荷葉點綴即可。

藍莓卡士達水果塔 *(P.26)*

材料

【塔】

烤好的單純塔皮（P.50-P.52）	1個

＊沒有填入杏仁奶油等內餡，烘烤好的塔皮。

【鮮奶油】

卡士達奶油

蛋黃	2個份
砂糖	50g
低筋麵粉	20g
香草豆莢	1/2根
牛奶	180ml
奶油	15g
蘭姆酒	1大匙
鮮奶油	70ml
砂糖	2小匙
藍莓	130g
細葉芹	適量

作法

前置作業

烘烤塔皮時將多餘的麵皮作成裝飾用的餅乾（請參照P.51的作法14，也可依個人喜好在放涼後撒上糖粉）。

1 製作兩種鮮奶油

【卡士達奶油】

參照P.63卡士達奶油的作法，以左側的份量製作（蘭姆酒在奶油之後加入），放涼後冷藏。

【鮮奶油】

① 將鮮奶油及砂糖倒入調理盆，底部隔冰以電動攪拌器打至八分發泡。

② 全部裝進圓形花嘴的擠花袋中。

2 完成裝飾（a→d）

以卡士達奶油餡填滿塔皮部分，再鋪上藍莓。在塔緣等距擠上鮮奶油，再插上餅乾裝飾，撒上細葉芹點綴即可。

草莓提拉米蘇塔

草莓鮮奶油蛋糕

藍莓卡士達水果塔

藍莓楓糖鮮奶油蛋糕 (P.27)

材料

【海綿蛋糕】

楓糖海綿蛋糕　　　　　　1個（橫切成2片）

＊參照P.58-P.61基本款海綿蛋糕作法（份量相同），
　但是將砂糖跟蜂蜜都換成楓糖，其餘作法相同。

【鮮奶油】

鮮奶油　　　　　　　　　300ml

楓糖　　　　　　　　　　40g

藍莓　　　　　　　　　　150g

砂糖漬紫羅蘭花・薄荷葉　各適量

作法

1　製作楓糖鮮奶油

將鮮奶油及楓糖漿倒入調理盆，底部隔冰以電動攪拌器打至七分發泡。接著將1/3的量倒進另一個調理盆，其餘繼續打至八分發泡（七分發泡＝1/3量・八分發泡＝2/3量）。

2　完成裝飾（a→c）

① 在第一片海綿蛋糕塗滿八分發泡的楓糖鮮奶油，避開中間鋪上藍莓（留下7個作裝飾），再抹上鮮奶油後疊上第二片海綿蛋糕。

② 在海綿蛋糕表面及側面抹上八分發泡的鮮奶油，再以七分發泡的鮮奶油抹上修飾。在圓形花嘴的擠花袋中裝進剩餘的鮮奶油（七分・八分一起／若鮮奶油變稀、變軟，可再次打發）在蛋糕表面擠花，再以藍莓、砂糖漬紫蘭花及薄荷葉裝飾。

亦可使用DEMEL販售的
砂糖漬紫羅蘭。

覆盆子白巧克力塔 (P.28)

材料

【塔】

烤好的杏仁塔（P.50-P.53）　　1個

【覆盆子醬】＊會有剩餘份量

覆盆子　　　　　　　　　200g

砂糖　　　　　　　　　　80g

【鮮奶油】

鮮奶油　　　　　　　　　150ml

白巧克力（切碎）　　　　40g

免調溫白巧克力（Coating Chocolate）　30g

覆盆子　　　　　　　　　17粒

開心果　　　　　　　　　適量

作法

1　製作覆盆子醬

① 將覆盆子與砂糖放入鍋中靜置1小時左右。

② 以中火邊煮邊攪拌至濃稠狀為止（約5至10分鐘），再放置冷卻。

2　製作巧克力鮮奶油

① 鮮奶油倒入鍋中加熱，沸騰後加入白巧克力改弱火，以橡皮刮刀攪拌至完全溶解即熄火。將巧克力鮮奶油移至調理盆，冷卻後放進冰箱冷藏。

② 在①的底部隔冰保持低溫，以電動攪拌器打至八分發泡。

③ 將鮮奶油全部裝進玫瑰花瓣花嘴的擠花袋中。

3　製作裝飾用巧克力

① 將免調溫白巧克力隔水加熱溶化，再以湯匙舀至鋪好烘焙紙的烤盤，抹成1至2mm厚的橢圓形（如左圖）。

＊免調溫巧克力不需經過調溫手續，溶化即可使用。

② 待巧克力片凝固後，以小鑷子從邊緣挑起。

＊由於巧克力可能會因為手溫而溶化，因此建議使用小鑷子（或筷子）較佳。

4　完成裝飾（a→d）

① 在杏仁塔上塗抹2至3大匙的覆盆子醬，避開邊緣擠完全部的鮮奶油。

＊擠鮮奶油時稍微拉高、堆疊，就可以裝飾得很漂亮。

② 放上覆盆子，再將免調溫白巧克力作成的裝飾巧克力片插在鮮奶油上，撒上切碎的開心果即可。

覆盆子奶香鮮奶油蛋糕 *(P.29)*

材料

【海綿蛋糕】

基本款海綿蛋糕（P.58-P.61）

　　　　　　　　1個（橫切成3片）

【覆盆子醬】

覆盆子	200g
砂糖	80g

【鮮奶油】

鮮奶油	200ml
煉乳	50g
覆盆子	16粒
薄荷葉	適量

作法

1　製作覆盆子醬

① 將覆盆子與砂糖放入鍋中靜置1小時左右。

② 以中火邊煮邊攪拌至濃稠狀為止（約5至10分鐘），再放置冷卻。

2　製作鮮奶油

將鮮奶油與煉乳倒入調理盆，底部隔冰以電動攪拌器打至八分發泡。

3　完成裝飾（a→d）

① 在第一片海綿蛋糕表面抹上2至3大匙的覆盆子醬，再抹上鮮奶油。接著疊上第二片海綿蛋糕，重複相同的作法後疊上第三片海綿蛋糕。

② 在蛋糕表面抹上薄薄的鮮奶油，再塗上覆盆子醬。

③ 將剩下的鮮奶油裝進星形花嘴的擠花袋中，在邊緣擠兩圈，再以覆盆子和薄荷葉裝飾即可。

莓果塔 *(P.30)*

材料

【塔】

烤好的起司塔（P.50-P.53）	1個
喜歡的各式莓果	合計約400g

*草莓‧覆盆子‧藍莓‧黑莓等

鏡面果膠　　　　　　　適量

作法

1　完成裝飾（a→d）

將各式莓果鋪排於起司塔上（草莓對切），刷上鏡面果膠（當成黏著劑使用，有時可用滴淋的方式）。以相同方式重複三次，將莓果堆高（參考P.56），最後在莓果表面刷上大量鏡面果膠即可。

覆盆子白巧克力塔

覆盆子奶香鮮奶油蛋糕

莓果塔

粉紅優格草莓鮮奶油蛋糕 *(P.31)*

材料

【海綿蛋糕】

基本款海綿蛋糕（P.58-P.61）

　　　　　　　　　　1個（橫切成3片）

【鮮奶油】

優格	500g
砂糖	2又1/2大匙
草莓粉	2又1/2大匙
鮮奶油	300ml
草莓	1盒（約300g）
銀珠糖・棉花糖	各適量

作法

前置作業

將優格放在鋪上厚厚一層廚房紙巾的篩網或竹簍中一晚，脫水至250g。

1　處理水果

留下要裝飾在蛋糕上的份量（約8至10個），其餘縱切成4等分的薄片。

2　製作兩種鮮奶油

【草莓鮮奶油】

將砂糖及草莓粉倒入調理盆，以打蛋器充分混合後加入鮮奶油，底部隔冰以電動攪拌器打至七分發泡。將1/3的量倒進另一個調理盆，其餘繼續打至九分發泡（七分發泡＝1/3量，八分發泡＝2/3量）。

【草莓優格鮮奶油】

將放置一晚的脫水優格倒入九分發泡的鮮奶油中，以打蛋器充分混合。

3　完成裝飾（a→c）

① 在第一片海綿蛋糕抹上薄薄一層草莓優格鮮奶油，避開中間鋪上草莓切片，再薄薄抹上一層相同的鮮奶油，疊上第二片海綿蛋糕。重複相同作法後，再疊上第三片海綿蛋糕（參照P.35的草莓鮮奶油蛋糕圖片a, b）。

② 在海綿蛋糕表面及側面抹上草莓鮮奶油，剩下的裝進星形花嘴的擠花袋中，預留邊緣裝飾草莓的空間，在中央擠滿點狀星形奶油，最後在邊緣裝飾草莓（切成一半）、棉花糖及銀珠糖。

櫻花抹茶塔 *(P.32)*

材料

【塔】

烤好的抹茶杏仁塔　1個

＊參照P.50-P.53的基本款作法烘烤，但是填入的杏仁奶油餡變更部分材料如下。

◆ 低筋麵粉20g→改成低筋麵粉10g＋抹茶10g

【櫻花果凍】 ＊會有剩餘份量

吉利丁粉	10g

＊茹素者可改用吉利T粉取代。

水	400ml＋4大匙
砂糖	80g
鹽漬櫻花	60g
櫻花利口酒	4大匙

【鮮奶油】

鮮奶油	150ml
砂糖	1/2大匙

A	紅豆粒餡	80g
	鮮奶油	1大匙

鹽漬櫻花・抹茶	各適量

作法

前置作業

鹽漬櫻花（60g）沖水洗去鹽粒後，泡水30分鐘稀釋鹽分。瀝乾水分後將花萼摘除。將A混合至滑順狀備用。

1　製作櫻花果凍

① 吉利丁粉加水（4大匙）溶解。

② 小鍋中放入水（400ml）與砂糖加熱，即將沸騰前熄火，倒入①，攪拌至完全溶化。接著加入去鹽的櫻花漬（60g）及櫻花利口酒拌勻。

③ 將②移至淺盤中，底部隔冰水冷卻至凝膠狀後，放進冰箱冷藏凝固。

2　製作鮮奶油

鮮奶油（150ml）與砂糖倒入調理盆，底部隔冰以電動攪拌器打至八分發泡。

3　完成裝飾（a→d）

① 將材料A均勻的抹在抹茶塔上，再塗上鮮奶油（2/3量）。

② 凝固的櫻花凍以湯匙攪散，疊在鮮奶油上。

③ 剩餘的奶油裝進玫瑰花嘴的擠花袋中，沿邊緣擠花，再以鹽漬櫻花裝飾，最後以篩網撒上抹茶。

粉紅優格草莓鮮奶油蛋糕

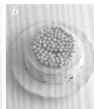

櫻花抹茶塔

玫瑰紅茶鮮奶油蛋糕

玫瑰紅茶鮮奶油蛋糕 (P.33)

材料

【海綿蛋糕】

伯爵紅茶海綿蛋糕　　　　1個（橫切成3片）

＊參照P.58-P.61的基本款海綿蛋糕作法，在前置作業
中將5g的伯爵紅茶切碎，加入低筋麵粉中（一起過
篩），其餘作法相同。

【砂糖漬玫瑰花瓣／裝飾用】

玫瑰花瓣・特級砂糖・蛋白　　　各適量

【鮮奶油】

鮮奶油	300ml
砂糖	2小匙
玫瑰醬	4至6大匙

＊請視使用的果醬甜度調整用量

糖衣杏仁（白色）・銀珠糖　　　各適量

＊糖衣杏仁（Dragée）亦稱約旦杏仁，
　是歐洲最古老的糖果之一。

作法

1　製作砂糖漬玫瑰花瓣

花瓣一片片沾上蛋白，撒滿特級砂糖後在常溫下乾燥即可。

＊請注意，此花瓣不可食用，純為裝飾用。

2　製作鮮奶油

鮮奶油及砂糖倒入調理盆，底部隔冰以電動攪拌器打至七分
發泡。將1/3的量倒進另一個調理盆，其餘繼續打至八分發泡（七分發泡＝1/3
量・八分發泡＝2/3量）。

3　完成裝飾（a→d）

① 在第一片海綿蛋糕表面抹上八分發泡的鮮奶油，抹上2至3大匙的玫瑰醬再抹上同樣
的鮮奶油，疊上第二片海綿蛋糕。重複相同的作法後，疊上第三片海綿蛋糕。

② 在海綿蛋糕表面及側面抹上八分發泡鮮奶油，再塗上七分發泡的鮮奶油修飾。接著
以糖衣杏仁及砂糖漬玫瑰裝飾，最後撒上銀珠糖。

果物手帖

春天的水果

一說到春天的水果，就會想到草莓。雖然從冬季的聖誕節就開始上市，但是以品種的豐富性與價格來看，還是春天的草莓最好。全部採用溫室栽種的冬季草莓，無論是美味程度還是形狀大小都很平均，春天的草莓卻是大大方方的展現各自的特色，大小和風味全都各異其趣。露天栽種、酸味強勁的小粒草莓，也只有春天才能品嘗到。

可以淋上少許的煉乳直接吃，或作成草莓牛奶、拌入優格……應用在鮮奶油蛋糕、水果塔、慕斯、果凍等各種甜點，也同樣美味又受歡迎。加工製成果醬或果露亦格外出色。有如紅寶石般小巧紅嫩、閃耀著迷人光芒的草莓，稱為水果界的公主一點也不為過！草莓以外的莓果，產季介於春天至初夏之間，和其他季節比較，春天的水果其實並不是那麼多。幸好有了草莓，讓我感到心滿意足！

草莓

直接食用的美味草莓和適合製成甜點的草莓有點不同。
由於蛋糕及砂糖本身已帶有甜味，建議使用酸味稍強的品種。

【產季】12 至 4 月（溫室栽培的盛產期為 12 至 2 月，露天栽種的接著登場）

【美味選購技巧】*適用所有草莓
外觀飽滿有光澤，蒂頭未變色。具有漂亮的紅色果肉。沾水容易腐爛，所以即使有點小傷的也應該避開。

【保存方法】*適用所有草莓
裝進保存容器或袋內再放入冰箱冷藏。因為保存期限不長，宜盡早食用。

【MEMO】
不耐水，除被泥土弄髒的部分外，不要用力沖洗（洗過的草莓會減損風味）。污垢及細毛以柔軟的毛刷刷去即可。

甘王

【特徵／味道】
味甜、圓碩、顆粒大，甘王的特色正如其命名；果實飽滿、甜味濃郁。最大的特徵是，剖開後可以看到漂亮的紅色果肉。

栃乙女

【特徵／味道】
日本栃木縣繼「女峰」之後研發栽培的新品種，目前產量已高居日本第一。購買容易且品質穩定，甜度也高。

莓果類

雖然一年四季都看得到外國進口的產品，但國內的產季其實相當短。
請務必把握時機，好好品嘗新鮮莓果的美味。
由於每一種都不耐久放，請盡早食用。
此外，莓果類和草莓一樣，遇水易壞，請多注意。

藍莓

【產季】4 至 8 月
【特徵／味道】
顆粒小而味甘微酸，吃在口中有爆漿的多汁
感，品嘗時也別有一番樂趣。北自北海道，
南至島根縣，栽種區域幾乎遍及全日本，其
中有不少是採用無農藥栽培。
【美味選購技巧】
外觀飽滿有光澤，柔軟多汁彈力十足彷彿快
要爆開。果皮顏色以深藍紫為佳。
【保存方法】＊適用其他莓類
裝進保存容器或袋內再放入冰箱冷藏。因為
保存期限不長，宜盡早食用。

黑莓

【產季】4 至 8 月
【特徵／味道】
深紫黑色，像葡萄般由許多小核果
聚合而成，是覆盆子（木莓）的近
親。充滿野生風味的酸甜，很難見
到國產的黑莓。
【美味選購技巧】
外觀飽滿有光澤，果粒富彈性。外
觀轉黑色代表已經完全熟成。

覆盆子

【產季】4 至 8 月
【特徵／味道】
亦稱木莓，與黑莓同屬，但酸味
勝過黑莓，是國內少見的貴重水
果。運氣好時可在網路上買到。
【美味選購技巧】
紅色偏深濃的較佳。

紅頰

【特徵／味道】
日本靜岡縣研發的品種。兼具
香氣與甜味，又帶適度酸味。
好吃到讓人忍不住塞得雙頰圓
鼓鼓＊，而以此命名。

＊此形容亦為日本形容極品美味的俗語

其他品種草莓

盛行品種改良的草莓，品種多到不勝枚舉，最近還可以看到特大果粒問
市。雖然味道會因品種而異，但最重要的非新鮮莫屬。除了本書介紹的種
類以外，還有「幸之香」、「章姬」等其他美味的草莓，讀者若看到似乎
很好吃的草莓，也請使用看看。草莓不易從外觀研判甜味的強弱，但是由
於十分容易受傷，所以務必挑選新鮮的。

Summer

夏天的塔&蛋糕

夏天是一年之中水果種類最豐富的季節。
西瓜、哈密瓜、桃子、櫻桃⋯⋯
還有芒果、木瓜等，無論是國內還是國外生產的都可以輕易買到，
是個可以暢快享受水果鮮美滋味的季節！
因此夏天的塔及蛋糕，就以份量十足的水果搭配清爽的奶油，
來感受些微的「涼意」吧！
冰品雖好，但盛滿夏日果物的水果塔及蛋糕，更顯別緻。

Tart

以菲律賓Pelican芒果及墨西哥蘋果芒果製作而成的芒果塔。
淺黃與深黃雙色交織宛如花瓣，美不勝收。
略微減少卡士達奶油的份量，放上大量的新鮮芒果，
讓酸酸甜甜的清爽滋味在口中化開。

芒果塔

Recipe → *P.70*

Cake

在拌入檸檬汁烘烤的清爽海棉蛋糕上，
抹上檸檬起司奶油，以清新爽口的酸味為基底，
豪邁的放上味道濃厚芳香的蘋果芒果。
果肉的醇厚甘甜及香氣，成了這道甜點的主角。

芒果鮮奶油蛋糕

Recipe → *P.70*

Tart

添加白酒作出成人口味的水果凍，引出細緻的桃子風味，
薄荷葉在品嘗中帶來一抹清涼及香氣。
以脫水優格取代鮮奶油，創造出前所未有的清爽感。
即使在炎炎酷夏，也是爽口到一下子就會吃得精光哦！

白桃薄荷塔

Recipe → *P.71*

Cake

如果搭配太重的味道，就會搶走桃子的芳香與風味。
為了品嘗桃子細緻高雅的滋味，因此製作成鮮奶油蛋糕時，
特地以卡士達奶油×鮮奶油來調整，作成口感較清淡的鮮奶油。
若是放太久果肉會變色，在冰箱冷藏約二至三小時是最佳賞味時刻。

白桃卡士達鮮奶油蛋糕

Recipe → *P.72*

Tart

以杏仁霜取代部分杏仁粉烘烤而成的杏仁塔，
在塔上佐以滿滿的糖漬枇杷與杏仁豆腐。
枇杷和杏仁都是玫瑰科櫻花屬的植物，相似的香味十分對味。
枇杷的溫和香氣與杏仁豆腐的滑順口感，是舒緩暑夏的一道美味。

枇杷杏仁塔

Recipe → *P.72*

→夏のタルトとケーキは、P65 に続きます

RECIPE NOTE

塔皮・海綿蛋糕の

基本作法

本單元將詳細介紹書中登場的各式基本塔底與海綿蛋糕作法。

熟悉作法後，就能完成書中的各種美味塔類甜點及蛋糕！

只要一邊比對照片步驟一邊作業，就不容易失敗。

所以請放輕鬆，按部就班地一步一步往下作吧！

此外，甜點的裝飾技巧及卡士達奶油等作法，也一併收錄其中。

基本的塔皮作法

塔皮稱為Pâte Sucrée，為味甜而口感酥鬆的麵皮。
雖然作法幾乎相同而一併說明，但這裡介紹了兩種口感不同的塔皮配方。
ver.1 只以蛋黃製作，口感較為酥脆。
ver.2 使用全蛋，口感較紮實。全蛋在製作上比較方便，
而且可作成兩個塔皮的份量（多餘的塔皮可冷凍保存）。
當然兩種塔皮都很美味，請依個人喜好選擇製作。

材料 ver.1	（直徑18cm塔模 1個份）
奶油	75g
糖粉	50g
＊可使用普通砂糖取代，加糖粉的口感較鬆脆。	
蛋黃	1個份
A 低筋麵粉	120g
A 杏仁粉	10g
＊若無杏仁粉可以10g低筋麵粉取代。	
A 鹽	1小撮

材料 ver.2	（直徑18cm塔模 2個份）
奶油	150g
砂糖	100g
蛋黃	1個
A 低筋麵粉	240g
A 杏仁粉	20g
＊若無杏仁粉可以20g低筋麵粉取代。	
A 鹽	2小撮

前置作業
奶油退冰至室溫，大約是手指可輕易
壓下的柔軟度。材料A一起過篩。若
是ver.2要先將蛋打散（ver.1的蛋黃
不打散）。
＊後續步驟以ver.1的材料示範。

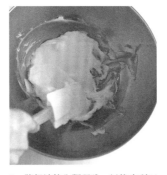

1 將奶油放入調理盆，以橡皮刮刀
輕拌成滑順狀。
＊ 若奶油還在硬塊狀就進入下一步驟，
會導致後續材料無法充分混合，請確
實拌至軟滑為止。

2 加入糖粉，以打蛋器充分拌勻至
顏色變淺。

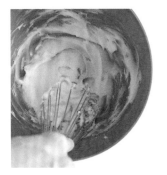

3 如圖攪拌至奶油中包含空氣，稍
帶膨鬆感就OK了。
＊ 奶油充分含有空氣，烤出的麵皮才會
鬆脆。

4 加入蛋黃充分混合（或分次倒入
打散的蛋液充分拌勻）。
＊ 使用全蛋時容易出現分離現象，務必
分次少量倒入，且每次都要充分混
合。

5 分兩次加入材料A，每次都以橡
皮刮刀充分攪拌。首先倒入一半
量的材料A。

6 繞圈的攪拌方式會產生黏性，無法烤出酥脆感。請務必如圖所示，將橡皮刮刀以切拌的方式混合。

7 倒入剩餘的材料A，同樣以橡皮刮刀切拌混合。

8 過分攪拌會產生黏性，只要如圖拌到無粉狀即可，不一定非要成團才行。

＊ 若想冷凍保存麵團，請在這個階段以保鮮膜包好放入保鮮盒內，再放進冷凍庫。使用時先移至冷藏解凍，再從下個步驟繼續作（保存期限約1個月）。

9 以雙手將調理盆中的材料整理成團，再以手捏成扁圓狀（ver.2請壓成兩個圓）。

＊ 醒麵可以讓麵團穩定，容易延展，以及烤起來更美味，請絕對不要省略這道程序。如果有時間，醒麵半天是最理想的。

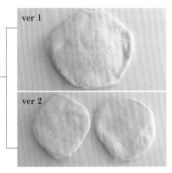

ver 1

ver 2

10 以保鮮膜包好麵團，放入冰箱冷藏室醒麵1小時（ver.2請分成兩個包好，同樣要醒麵）。

11 將醒好的麵團取出，在工作台撒上手粉（份量外的高筋麵粉），以擀麵棍擀開。

＊ 首先從中心朝上下來回延展即可。

12 一邊轉動麵團一邊擀成平均約5mm厚，比塔模大上一圈的圓形。

13 將放入塔模的塔皮仔細與塔模貼合。

14 以擀麵棍從塔模上滾過，切去多餘的塔皮。

＊ 將這些多出來的塔皮揉成團，再次擀成約5mm厚，即可以餅乾壓模，烤成餅乾（170度℃，烤15至20分鐘）。

54

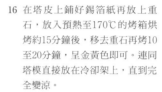
使用烤好的單純塔皮
製作水果塔時

書中的檸檬蛋白霜塔（P.12）及藍莓卡士達水果塔（P.26）等，都是以烤好的單純塔皮為基底來製作。

15 因為塔皮烤後會略縮，所以要沿著塔模邊緣以手指按壓一圈，使塔皮稍稍露出塔模。

16 在塔皮上鋪好錫箔紙再放上重石，放入預熱至170℃的烤箱烘烤約15分鐘後，移去重石再烤10至20分鐘，呈金黃色即可。連同塔模直接放在冷卻架上，直到完全變涼。

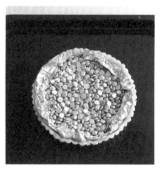

填入內餡烘烤的基本塔&奶油餡作法

本書主要是以填入杏仁奶油餡（法文為Crème D'amandes）烘焙的杏仁塔為基底。
杏仁沉穩有深度的風味，可作為支撐水果塔美味的磐石。
是焗烤奶油嗎？經常會有這樣的誤認，但杏仁奶油其實是十分常見的烘焙奶油餡。
因為是頻頻出現的餡料，請務必詳閱以下說明，牢記作法。
此外，也一併介紹另一款填入塔皮烘烤的起司奶油餡。

杏仁奶油餡　　　　　**前置作業**　奶油退冰至室溫，大約是手指可輕易壓下的柔軟度。
材料B一起過篩，蛋先打散。

1 將奶油放入調理盆，以打蛋器輕拌成滑順狀，再加入砂糖充分拌至泛白。

2 分次少量倒入蛋液，再加入蘭姆酒，以打蛋器充分攪拌混合。
＊使用全蛋時容易出現分離現象，務必分次少量倒入蛋液，且每次都要充分混合。

3 加入材料B，以打蛋器充分拌勻至無粉狀即可。

〈杏仁塔〉

以填入奶油餡烘烤的餡塔
製作水果塔時

書中絕大部分的塔類甜點都是使用下面介紹的，填入杏仁奶油餡（或起司奶油餡／參照各配方）烘烤的餡塔。這種餡塔的作法是，先填入奶油餡再整個下去烘烤（製作奶油期間，塔皮先放進冰箱冷藏）。

16 在塔皮中填滿奶油餡，角落部分也以橡皮刮刀等工具仔細填上。杏仁塔以預熱170℃的烤箱烤40分鐘，起司塔以預熱160℃的烤箱烤50至60分鐘。按壓塔餡正中間，若是有彈性的狀態就表示烤好了，從烤箱拿出後，連同塔模直接放在冷卻架上，直到完全變涼。

〈起司塔〉

杏仁奶油餡	
（直徑 18cm 塔模　1個份）	
奶油	60g
砂糖	60g
蛋黃	1個
蘭姆酒	1大匙
B　低筋麵粉	20g
杏仁粉	60g

起司奶油餡	
（直徑 18cm 塔模　1個份）	
奶油起司	150g
砂糖	50g
優格	100g
蛋	1個
檸檬汁	2小匙
玉米粉	1小匙

起司奶油餡　　　前置作業　起司奶油退冰至室溫，大約是手指可輕易壓下的柔軟度。

1 將奶油起司放入調理盆，以打蛋器輕拌成奶油狀，再加入砂糖確實拌至滑順。

2 依序加入優格、蛋、檸檬汁及玉米粉，每倒入一樣都要充分拌勻。

3 攪拌至均勻滑順即告完成。

關於塔類甜點的裝飾

塔類甜點的裝飾看似困難，
其實熟練後意外的簡單，人人都可以創作出可愛造型。
本單元將整理出一些裝飾上的訣竅供您參考。

注意事項　若想順利裝飾塔類甜點，
請務必遵守底下兩點基本中的基本。

1 充分去除水果的水分

水果中的水分（果汁）含量比想像中還要高。如果切完後直接堆疊到塔上，沒多久就會滲出水分，讓塔皮或內餡變得溼軟，降低口感及風味。香蕉這類水分極少的水果另當別論，凡是水分多的水果，務必要在廚房紙巾上放置一至三小時以上，確實去除水分後再裝飾於塔上（作法中皆有說明）。

2 巧妙使用鏡面果膠

在水果表面刷上鏡面果膠，可以展現水亮美麗的光澤度，成品看起來也更誘人，請一定要試試看。此外，書中有許多將水果向上疊高的作品，基於黏著的功能而選擇了加熱‧加水型的鏡面果膠。雖然也可使用非加熱‧非加水型，或以水溶解的餡料醬來增加光澤，但無法當成黏著劑使用。若只想增加表面光澤，以刷子塗刷即可。但如果是要黏結水果，與其用刷的，不如讓刷子沾滿鏡面果膠後滴淋（如右下圖片）在水果堆上，效果會更佳。

鏡面果膠可在烘焙材料店買到，
四、五百克的價格約一百元左右。

水果的排列方式　本單元將書中鋪排水果的方式彙整如下。
進行不順利時，請翻到這裡參考。

Version1　放射狀

即使是不擅長甜點裝飾的人，也可以輕鬆挑戰的排放方式，有兩種模式。

>> P.55

Version2　向上疊高

像小山一樣向上疊起，中心點位於頂端的方式，給人豪華的印象。

>> P.56

Version3　平面鋪滿

即使只使用大小、形狀相同的水果平面鋪滿，看起來也一樣可愛。這也是最簡單的裝飾方式。

>> P.57

放射狀《縱排》

將分瓣或縱切的水果，縱向直排成放射狀。排列的重點在於由外側開始排放。水果一端貼著塔皮的邊緣連成一圈，接著再朝內側疊放。一邊排一邊確認中心點有無偏移，以確保整體平衡。

放射狀《橫排》

同樣是切片的水果，只是改成橫向排列，氣氛立刻為之一變。這款是由中心點開始排列。首先決定好中心點，類似唇形般放上兩片水果，接著向外繞圈鋪排至塔皮邊緣即告完成。最初的中心點如果偏移就會歪掉變形，所以起始點很重要。

向上疊高

將塔類甜點堆疊出立體感的裝飾，看起來會比平面的豪華貴氣。排列的重點在於，作出像山頂一樣具有高度的中心頂點。這部分需要稍作練習才能上手，但原則上是「以大塊的水果當基底，然後向上堆疊小塊水果」。在途中滴淋鏡面果膠來黏結水果也很重要。

1　此次示範所使用的水果。大片的柑橘放在最下層，小粒的櫻桃和莓果則放在上層，其他水果就排在中間層。像這樣先大致決定好堆疊的順序。

2　先放上作為基底的柑橘。由於接下來要向上疊高，因此高度要盡量一致，疊起來才比較穩固。

3　再來是香蕉與奇異果等中型的水果片，高低差同樣不要太大。

4　在香蕉與奇異果的縫隙放上櫻桃或莓果，保持平衡。

5　在這個階段滴淋鏡面果膠，固定水果。

6　作出像小山般的山頂即告完成。可視整體平衡放上大塊水果，縫隙則用小塊水果填補，顏色更顯華麗繽紛。

平面鋪滿

最單純簡潔的排列方式。對葡萄、櫻桃及莓果等球狀水果而言，也是穩定性佳、容易取得平衡的裝飾法。小顆水果可先隨機撒上，再一粒粒填補空隙即可。若是顆粒較大的水果，請先決定好中心點，再一個個繞圈排列。若是大小顆交錯的情況，就先排大顆水果，再以小顆果實填滿隙縫。

〈小顆水果的排法〉

〈大顆水果的排法〉

基本的海綿蛋糕作法

作為蛋糕基底最重要的海綿蛋糕，

是以全蛋海綿蛋糕的方式來製作（Genoise，不分取蛋白蛋黃，以全蛋打發製作麵糊）。

最重要的就是作出軟綿、有彈性又濕潤的細緻麵糊。

因此，不論是步驟1還是步驟2，都要將蛋好好打發才行！

如此一來，加入麵粉時才不會把氣泡弄破，可以烤出鬆軟口感。

但是，加入奶油後其油脂會讓氣泡破掉，所以請加快後續動作。同時也別忘了預熱烤箱哦！

此外，乾燥會讓美味減半，烘烤後還有一個必要的小技巧也不可以忘掉！

前置作業

材料	
（直徑18cm圓形蛋糕模　1個）	
蛋	3個
砂糖	75g
蜂蜜	1大匙
牛奶	1大匙
低筋麵粉	85g
奶油	30g

低筋麵粉過篩。奶油隔水加熱或用微波爐加熱溶化。

在模具中鋪上烘焙紙，烤箱預熱至170℃。

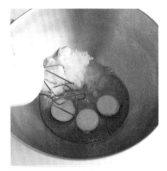

1　蛋、砂糖與蜂蜜放入調理盆，以電動攪拌器輕拌混合。

＊　由於蛋液打發後體積會增加，因此請使用直徑約28cm的大調理盆。

2　隔熱水（水溫約60℃）以高速的電動攪拌器打至發泡。

＊　加溫雖然有助於打發蛋液，但溫度過高會結塊，請小心注意。

3　當蛋液溫度升到約等同人體體溫（36至38℃，以手指觸摸感覺微溫的程度），就可以移開底下的熱水，繼續高速打發。

＊　若溫度沒有上升，之後會很難打發，因此在蛋液溫度上升前都不要移開熱水，繼續打至發泡。

4　如圖所示，將蛋液打發至打蛋器拉
　　起時，發泡蛋液會稍微停留在打蛋
　　器，再慢慢滴下的程度。

＊　若確實打發至這個階段，之後倒入粉
　　類混合，氣泡也不會消失，可以烤出
　　鬆軟口感。

5　電動攪拌器改低速，打發2至3分
　　鐘，將表面拌至呈柔滑狀。

6　加入牛奶，以打蛋器拌至滑順
　　狀。

＊　加牛奶可增加濕潤感，並讓接下來加入
　　的粉類容易混合。

7　分兩次篩入低筋麵粉，每次都以打
　　蛋器充分拌勻。先加一半的麵粉。

8　以打蛋器充分攪拌均勻。

＊　也許有人擔心充分混合會不會在烘烤時
　　無法膨起，但是若步驟4有充分打發，
　　氣泡就不會消失。此處充分混合的目的
　　是，預防烘烤時塌陷。

9　一邊篩入剩餘的低筋麵粉，一邊
　　以打蛋器拌至如圖般的無粉狀
　　態。

＊　麵糊變得滑順，呈現一體感即可。

10　換成橡皮刮刀，以切拌方式混
　　　合。

＊　步驟1～3以電動攪拌器打發時容易
　　形成大氣泡，而步驟8～10充分混合
　　的動作則會弄破大氣泡，只留下均勻
　　細緻的小氣泡，烘烤出軟綿綿的海綿
　　蛋糕。

11　如圖所示，將麵糊拌至具有光澤
　　　的滑順狀態。

12　藉由橡皮刮刀倒入溶化的奶油，
　　　以繞圈方式平均淋上。

＊　倒入奶油容易弄破氣泡，所以動作要
　　快。

13 以橡皮刮刀沿邊自盆底翻拌，充分混合。

* 奶油較重，容易沉積在盆底，要以橡皮刮刀由盆底舀起來般大幅翻拌。

14 這樣就完成麵糊了。請盡快倒入模具烘烤。

15 將麵糊一口氣倒入模具中。

16 刮下殘留在盆裡的麵糊，沿著模具邊緣倒入。

* 殘留在盆裡的麵糊因為氣泡已經破掉，烘烤時不會膨起，若倒在模具中間，會出現塌陷的情形。

17 將模具舉高至10～20cm，讓模具落下一次，摔去多餘的氣泡。

* 此摔落動作是為了弄破大氣泡，同時讓麵糊表面平整。但摔落太多次反而會烤不膨，以一次為限。

18 放入預熱至170℃的烤箱，烘烤25至30分鐘。

19 呈現好吃的金黃色，且按壓蛋糕中間會有彈性，就表示烤好了。

20 將模具舉高至10～20cm，讓模具落下一次，防止蛋糕塌陷。

* 摔落時可將蛋糕內側含水分的熱氣摔出，若水分屯積在裡面，冷卻後蛋糕容易塌陷，此摔落動作的目的就在預防這一點。

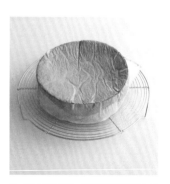

21 蓋上烘培紙，直接在放涼架上倒扣脫膜。就這樣連同烘培紙一起放置冷卻。等降溫之後，直到開始使用前，都要用保鮮膜包覆，面朝上放著。

關於蛋糕的裝飾

像抹平或擠花等，蛋糕的裝飾比起塔類甜點要細膩很多。
以下整理出一些要訣，但最重要的還是要多練習幾遍。

蛋糕切片

如果海綿蛋糕片得歪歪斜斜，不論外觀或口味都會跟著變差。
使用鋸齒狀的麵包刀可以切得整齊又標亮。

使用尺規

使用尺規（1cm×1.5cm四方體的角尺，部分烘焙材料店有售）夾住蛋糕，將麵包刀置於角尺上，沿角尺移動刀子橫切即可。也可在家庭五金行購買木頭角材代替，便宜又好用。

使用牙籤

如果沒有角尺，也可用牙籤代替。先量好要切片的厚度（高度），然後在邊緣插上牙籤作記號。一邊量一邊插，大約要用10至13根左右。切片方法就和使用尺規時一樣。

抹平鮮奶油

基本上是先塗抹八分發泡的鮮奶油，
再以七分發泡的鮮奶油裝飾抹平。

1 首先放上大量的八分發泡鮮奶油。

* 比起少量多次來塗抹，不如直接放上大量鮮奶油推開，再抹去多餘的鮮奶油，這樣成品會更漂亮。

2 一手旋轉蛋糕轉台，另一手以抹刀抹平表面的鮮奶油。

3 同樣是一邊旋轉蛋糕轉台，一邊以抹刀將表面多餘的鮮奶油在側面抹開。

* 由於之後還要再抹上七分發泡的鮮奶油修飾，因此這個階段即使抹得不是那麼工整也沒關係。

4 以相同作法塗抹七分發泡的鮮奶油來修飾。

* 同樣也是直接放上大量鮮奶油再推開，並抹去多餘的量。

5 一手旋轉蛋糕轉台，另一手以抹刀抹平表面的鮮奶油。

6 比照步驟3將側面塗抹均勻。

* 鮮奶油即使只是以抹刀塗開，也會逐漸發泡而變得乾巴巴，所以動作要快。

7 抹平，大功告成。

* 反覆塗抹容易使鮮奶油變乾，即使有不滿意的地方也只要適度修整即可，這樣才能抹得整齊又美觀。

手邊沒有蛋糕轉台時
在底部沒有防滑設計的調理盆上，擺上一塊砧板或薄型切菜板等，來取代蛋糕轉台。只要在調理盆中裝水增加重量，就不必擔心旋轉時盆子會翻覆。

介紹在本書頻頻登場的
鮮奶油作法及重點。

鮮奶油　鮮奶油是裝飾蛋糕不可或缺的元素，
　　　　　請務必熟記各種打發狀態。

‧六分發泡

呈較稀的糊狀，舉起打蛋器時鮮奶油不會停在打蛋器上，而是會緩緩滴落。為製作本書貓眼葡萄蕾亞起司蛋糕（P.83）時的鮮奶油硬度。

‧七分發泡

舉起打蛋器時，鮮奶油稍作停留後慢慢垂下的程度。或者是不會全部掉落，會殘留一些在打蛋器上（稍後會消融）的程度。為裝飾海綿蛋糕，最後抹上那層鮮奶油的硬度。

‧八分發泡

舉起打蛋器時，不論是打蛋器上或盆裡的鮮奶油，尖端均呈角狀立起，且不會垂下。為放入擠花袋作為鮮奶油擠花的硬度（七分發泡的鮮奶油會垂下）。

‧九分發泡

舉起打蛋器時，大量鮮奶油充滿了打蛋器的程度。如果繼續打發，會變成乾巴巴的鮮奶油使口感變差，要多注意。為搭配脫水優格等材料時的硬度。

變換擠花嘴作出裝飾　以鮮奶油製作擠花裝飾時，只要變換不同的花嘴，
　　　　　　　　　　　整體氛圍就會隨之改變。以下介紹本書中使用的花嘴。

‧圓形花嘴

顧名思義開口是圓形的花嘴。本書主要使用1.2cm的口徑。其他從3mm至1.5cm的大小都有，口徑尺寸不同，營造出的氣氛也不一樣。

‧星形花嘴

呈多齒開口的花嘴，齒數愈多，花樣愈細緻美麗。本書主要使用1至1.2cm的口徑，8至10齒的規格。

‧玫瑰花瓣花嘴

開口的形狀像細線般，擠花時只要左右微晃即可呈現漂亮的曲線。同時也是用來製作玫瑰花的花嘴。本書主要使用1cm的口徑。

‧排花嘴

開口的兩側都有鋸齒（若只有單側鋸齒則稱為半排花嘴）。光是直線擠花就能在蛋糕上展現華麗感。本書主要使用2.4cm的口徑。

‧聖安娜花嘴

原本是專門用於法國傳統點心聖安娜蛋糕時使用的花嘴。斜口花嘴的擠花，簡單即可帶出優雅氣息。本書主要使用1.1cm的口徑。

卡士達奶油　在塔類甜點也經常出現的卡士達奶油，
份量依每個作品的配方而異，請參考各頁說明。

材料

蛋黃

砂糖

低筋麵粉

香草豆莢

牛奶

奶油

＊依作品而異，有的配方
會添加蘭姆酒或檸檬汁等
材料。

1　將蛋黃與砂糖放入調理盆，
以打蛋器充分打至略微泛
白。

2　略微泛白後再分次加入低筋
麵粉，每次加入都要以打蛋
器充分攪拌至滑順狀。

3　縱向剖開香草豆莢，以刀子
刮出裡面的香草籽。將牛奶
倒入小鍋中，再加入豆莢與
刮出的香草籽，以小火加熱
（但不要煮至沸騰！）

4　在牛奶沸騰前熄火，分批倒
入步驟2的調理盆內，每次
加入都要以打蛋器充分拌
勻。

5　將篩網放在鍋子上，將步驟
4拌勻的材料倒回鍋中。
＊　此時一併取出豆莢。

6　一邊以小火加熱，一邊以橡
皮刮刀不斷攪拌，直到呈現
如圖所示的濃稠糊狀即可熄
火。加入奶油溶化混合。
＊　若是需要加入蘭姆酒等調味的
情況，請在奶油之後拌入。

7　將步驟6的蛋奶糊倒入方盤
等適當的容器中，趁溫熱覆
上保鮮膜密封保存，放涼後
放入冰箱冷藏。
＊　保鮮膜要與卡士達奶油緊密貼
合，否則會在卡士達奶油表面
形成一層薄膜。
＊　將冷藏的卡士達奶油放入調理
盆等，以橡皮刮刀拌至滑順後
使用。

塔與蛋糕的盛盤技巧

好不容易熟練的作出了塔與蛋糕，好想切得漂漂亮亮的端上桌喔！
因為在客人面前很難順利作業，建議拿回廚房，分切擺盤後再端出來。

塔 的 切 片 方 式

1　一手按住水果，小幅度移動
麵包刀緩緩對切成兩半。如
果在下刀的直線上有藍莓等
小顆水果，常會把它們切
破，此時可移至左右，讓水
果不要碰到刀子。

2　繼續切成6至8等分。向上疊
高的水果塔在切片時，很難
保持水果不掉落，所以就算
有水果掉下來也不要太在
意，繼續切下。

3　將切片的水果塔擺到盤上，
落下的水果以鏡面果膠重新
黏上。此時，請抱著在單片
上作裝飾的心情，視整體平
衡黏合。

4　若無法取得平衡，可利用細
葉芹或薄荷葉等作為點綴。
將掉落的水果排在周圍也很
可愛。

蛋 糕 的 切 片 方 式

1　將麵包刀以熱水確實溫熱。
熱水最好倒在耐熱的細長容
器中以防翻覆。也可使用牛
奶盒代替。

2　刀子溫熱後，以毛巾確實拭
去水氣。如此一來，切開的
蛋糕斷面會變得十分工整漂
亮。每次分切蛋糕時都要進
行步驟１・２，不可以省
略。

3　一手按住水果，小幅度移動
麵包刀緩緩對切成兩半。如
果在下刀的直線上有藍莓等
小顆水果，或是不容易切得
漂亮的草莓等，此時可移至
左右，讓水果不要碰到刀
子。

4　將切成6至8等分的切片蛋糕
擺到盤上。無法漂亮分切，
或有些塌陷的部分，這種情
況可使用鮮奶油擠花來裝飾
藏拙，作出可愛的盛盤。

Cake

以清淡爽口的可爾必思優格鮮奶油搭配夏天的水果，
簡直就是專為夏日量身打造的鮮奶油蛋糕。
蛋糕上可以看到木瓜、芒果、鳳梨、黃金奇異果及百香果，
正因為使用的鮮奶油和任何水果都對味，
請一定要大量使用自己喜歡的夏季水果來親手作作看哦！

夏日水果鮮奶油蛋糕

Recipe → *P.73*

Tart

加入椰奶及荔枝香氣的鮮奶油，
與西瓜組合出「南國夏日風味」印象的水果塔，
多汁爽口又帶著醇郁的美味，是初次品嘗到的新鮮感受。
西瓜請選擇甜味較強的品種。

西瓜椰奶塔

Recipe → *P.74*

Cake

為了享受哈密瓜的美味，因此特地以非常單純的蛋糕來搭配。
使用熟成的哈密瓜並且充分去除水分是美味的關鍵。
哈密瓜建議不選用夕張等紅肉品種，
而是改用青肉的安第斯哈密瓜或麝香哈密瓜等。

哈密瓜鮮奶油蛋糕

Recipe → *P.74*

Tart

產季很短的美國櫻桃,搭配馬斯卡邦起司鮮奶油的奢侈組合。
外觀討喜的櫻桃,只是均勻的鋪滿塔上就已經很可愛了!
改用日本產的佐藤錦櫻桃來製作,也是十分美味的櫻桃塔喔!

櫻桃塔

Recipe → *P.75*

Cake

以雞尾酒的椰林風情（Pina Colada）為發想，
完成了添加蘭姆酒、椰奶與鳳梨的蛋糕。滿滿的當季黃金奇異果，
其豐富的酸甜滋味不但能配合調味，更拓展了酸味與甜味雙方的空間。
淡淡的異國風味，與炎熱的夏夜非常搭調。

鳳梨&黃金奇異果鮮奶油蛋糕

Recipe → *P.75*

芒果塔 *(P.44)*

材料

【塔】

烤好的杏仁塔（P.50-P.53）　　　1個

【奶油】

蛋黃	2個份
砂糖	40g
低筋麵粉	20g
香草豆莢	1/2根
牛奶	160ml
奶油	15g
蘭姆酒	1大匙

Pelican芒果・蘋果芒果　　　　各1個
＊可選用金煌、愛文來製作

鏡面果膠・細葉芹　　　　　　　各適量

作法

1 製作卡士達奶油

參照P.63卡士達奶油的作法，以左側的份量製作（蘭姆酒在奶油之後加入），放涼後冷藏。

2 處理芒果

芒果削皮，縱切成3片同時去籽，再縱切成長條狀。

3 完成裝飾（a→d）

將拌至滑順的卡士達奶油抹在杏仁塔上，芒果由中央開始鋪成一圈圈的花瓣狀（將形狀較圓的芒果片放在中央部分會較好作業）。在芒果表面刷上鏡面果膠，以細葉芹裝飾。

＊Pelican芒果與蘋果芒果交替排放，不僅可呈現漂亮的漸層感，還能平均嘗到不同口味的芒果。

芒果鮮奶油蛋糕 *(P.45)*

材料

【海綿蛋糕】

檸檬海綿蛋糕　　　　1個（橫切成3片）
＊參照P.58-P.61基本款海綿蛋糕作法，但是將1大匙的牛奶換成1大匙的檸檬汁，並且在加入低筋麵粉的同時倒入1/2個檸檬皮絲，其餘作法相同。

【鮮奶油】

優格	400g
奶油起司	200g
砂糖	70g
檸檬汁	1大匙
檸檬皮絲	1/2個份
鮮奶油	200ml

蘋果芒果　　　　　　1個
＊可選用愛文芒果

鏡面果膠・薄荷葉　　各適量

作法

前置作業

將優格放在鋪上厚厚一層廚房紙巾的篩網或竹簍中一晚，脫水至200g。

1 製作起司鮮奶油

① 奶油起司退冰至室溫，一邊加入砂糖一邊拌至滑順狀。再依序倒入檸檬汁、檸檬皮絲及脫水優格，每次加入都要充分拌勻。

② 將鮮奶油倒入另一個調理盆，底部隔冰以電動攪拌器打至九分發泡。

③ 將②倒入①中，充分攪拌後冷藏。

2 處理水果

芒果削皮後切成一口大小。

3 完成裝飾（a→d）

① 在第一片海綿蛋糕抹上薄薄一層鮮奶油，鋪上芒果後再薄薄抹上鮮奶油。接著疊上第二片海綿蛋糕，重複相同作法後再疊上第三片海綿蛋糕。

② 蛋糕表面及側面先抹上鮮奶油，在聖安娜花嘴（Saint Honoré Tip）的擠花袋中裝進剩餘的鮮奶油，在蛋糕表面由外側往中心方向擠花。正中間以芒果裝飾並刷上鏡面果膠，再放上薄荷葉點綴即可。

白桃薄荷塔 *(P.46)*

材料

【塔】

烤好的杏仁塔（P.50-P.53）	1個

【果凍】＊會有剩餘份量

白桃	3至4個
A ┌ 水	250ml
├ 砂糖	40g
├ 白酒	50ml
└ 薄荷	10g
吉利丁粉	5 g

＊茹素者可改用吉利T粉取代。

水	2大匙
檸檬汁	3大匙

【奶油】

優格	400g
砂糖	2大匙
薄荷葉	適量

作法

前置作業

將優格放在鋪上厚厚一層廚房紙巾的篩網或竹簍中一晚，脫水至200g。吉利丁粉加水（2大匙）溶解。

1 製作果凍

① 白桃去皮去籽，切成6至8等分的半月形。

② 將材料A全部放入小鍋，以中火加熱。沸騰後改弱火，煮3分鐘後以篩網之類的工具過篩。

③ 將溶解的吉利丁及檸檬汁倒入②中混合，趁熱再加入①的白桃。

④ 降溫後移至適當的容器，放進冰箱冷藏2至3小時凝固（a）。

2 製作奶油

在脫水優格中加入砂糖，充分攪拌均勻即可。

3 完成裝飾（b→d）

將優格奶油均勻的抹在杏仁塔上，攪散果凍後和白桃一起堆疊在塔上，再以薄荷葉裝飾。

芒果塔

芒果鮮奶油蛋糕

白桃薄荷塔

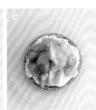

白桃卡士達鮮奶油蛋糕 *(P.47)*

材料

【海綿蛋糕】

基本款海綿蛋糕（P.58-P.66）

　　　　　　　　　　　　　1個（橫切成3片）

【鮮奶油】

卡士達奶油

蛋黃	2個份
砂糖	40g
低筋麵粉	25g
香草豆莢	1/2根
牛奶	180ml
鮮奶油	200ml
砂糖	1大匙
白蘭地	1大匙
白桃	2至3個
鏡面果膠‧細葉芹	各適量

作法

1　處理白桃

白桃去皮，一半切丁約1cm大，另一半同樣切丁約2cm大。置於廚房紙巾上，稍稍去除水分。

2　製作鮮奶油

① 參照P.63卡士達奶油的作法，以左側的份量製作（但不加奶油），放涼後冷藏。

② 將鮮奶油、砂糖及白蘭地倒入調理盆，底部隔冰以電動打蛋器打至八分發泡。

③ 將冷藏的①取出拌至滑順後，加入3/4的②鮮奶油，充分拌勻。在圓形花嘴的擠花袋中裝進剩餘的鮮奶油。

3　完成裝飾（a→d）

① 在第一片海綿蛋糕抹上薄薄一層卡士達奶油×鮮奶油，鋪上1cm的白桃丁，再薄薄抹上一層相同的鮮奶油，疊上第二片海綿蛋糕。重複相同作法後，再疊上第三片海綿蛋糕。

② 在海綿蛋糕表面及側面抹上卡士達奶油×鮮奶油後，將刮刀貼在側面向上拉起，作出裝飾條紋。

③ 沿邊緣以圓形花嘴擠花，中間鋪上2cm的白桃丁，並在白桃表面刷上鏡面果膠。最後以薄荷葉裝飾。

＊白桃容易氧化變色，請於製作當天吃完。

枇杷杏仁塔 *(P.48)*

材料

【塔】

烤好的杏仁塔　　　　　　1個

＊參照P.50-P.53的基本款作法烘烤，但是填入的杏仁奶油餡變更部分材料如下。

◆ 杏仁粉60g→改成杏仁粉30g+杏仁霜30g
　蘭姆酒1大匙→改成杏仁酒1大匙

【杏仁豆腐】 ＊會有剩餘份量

	杏仁霜	3大匙
A	砂糖	3大匙
	水	50ml
牛奶		250ml
吉利丁粉		5g

＊茹素者可改用吉利T粉取代。

水	2大匙

	水	200ml
B	砂糖	50g
	檸檬汁	60ml
	杏仁香甜酒（Amaretto）	2大匙

　　＊具有杏仁香氣的杏仁利口酒

枇杷　　　　　　　　　　8至10個

作法

前置作業

吉利丁粉加水（2大匙）溶解。

1　製作杏仁豆腐

① 將材料A全部放入小鍋中，充分拌勻後以中火加熱。稍微濃稠後慢慢倒入牛奶，煮沸時加入吉利丁粉混合、熄火。

② 吉利丁粉溶解後，以篩網過篩至適當容器，放涼後置於冰箱冷藏2至3小時凝固。

2　處理枇杷

① 將材料B放入小鍋中，以中火加熱至砂糖溶解即熄火，移至適當容器。

② 枇杷去皮對切，去籽後放入①中，放涼後置於冰箱冷藏，醃漬2至3小時。

3　完成裝飾（a→d）

枇杷的切面朝下，沿杏仁塔邊緣排放，再以湯匙舀起杏仁豆腐放在中間，接著在杏仁豆腐上疊放枇杷並刷上鏡面果膠，最後以薄荷葉裝飾。

＊枇杷容易氧化變色，請於製作當天吃完。

夏日水果鮮奶油蛋糕 *(P.65)*

材料

【海綿蛋糕】

基本款海綿蛋糕（P.58-P.61）

　　　　　　　　1個（橫切成2片）

【鮮奶油】

優格	500g
鮮奶油	200ml
可爾必思	100ml

黃金奇異果・芒果・百香果	各1個
木瓜	1/2個
鳳梨	適量

鏡面果膠・細葉芹	各適量

作法

前置作業

　　將優格放在鋪上厚厚一層廚房紙巾的篩網或竹簍中一晚，脫水至250g。

1　處理水果

① 黃金奇異果與鳳梨一半切成5mm厚的扇形，另一半切成1至1.5cm厚的扇形。百香果對半切開。

② 木瓜與芒果一半切丁5mm大，另一半切成一口大小。

③ 除百香果外，其他水果皆置於廚房紙巾上3小時，確實去除水氣。

2　製作可爾必思鮮奶油

　　鮮奶油與可爾必思倒入調理盆，底部隔冰以電動攪拌器打至八分發泡，接著加入脫水優格充分混合。

3　完成裝飾（a→d）

① 在第一片海綿蛋糕抹上薄薄一層鮮奶油，鋪上5mm厚的水果切片，以湯匙舀出百香果淋上（1/2個），再薄薄抹上一層鮮奶油，疊上第二片海綿蛋糕。

② 在海綿蛋糕表面及側面抹上鮮奶油，表面以齒狀刮刀斜刮出波浪狀花紋。

③ 在中央平均疊放上剩餘的水果，以湯匙舀出另一半百香果淋上。再刷上鏡面果膠固定，以細葉芹裝飾即可。

白桃卡士達鮮奶油蛋糕

枇杷杏仁塔

夏日水果鮮奶油蛋糕

西瓜椰奶塔 *(P.66)*

材料

【塔】

烤好的杏仁塔（P.50-P.53）　　　1個

【鮮奶油】

鮮奶油　　　　　　　　　150ml
椰奶粉　　　　　　　　　3大匙
砂糖　　　　　　　　　　1大匙
DITA　　　　　　　　　　1至2大匙
　＊DITA為荔枝利口酒

西瓜　　　　500g（淨重／約1/6個）

細葉芹・鏡面果膠　　　　各適量

作法

1　**處理西瓜**

西瓜去皮，切成4至5cm大的立體狀，置於紙巾3小時以上確實去除水氣（a）。

＊接近皮的部分味道較淡，請盡量使用中間較甜的果肉。

2　**製作鮮奶油**

將鮮奶油、椰奶粉、砂糖及DITA荔枝酒倒入調理盆，底部隔冰以電動攪拌器打至九分發泡。

3　**完成裝飾**（b→d）

在杏仁塔上均勻的抹上鮮奶油，排放西瓜。接著一邊視整體平衡，一邊向上疊高成小山狀。最後在西瓜表面刷上鏡面果膠，以細葉芹裝飾。

椰奶乾燥後製成粉末狀的椰奶粉（右），可在超市、烘焙材料店，或販售異國風食材的商家與香料店買到。
DITA是荔枝利口酒，常用於DITA Grapefruit特調與雞尾酒等。可在超市或菸酒專賣店等買到。

哈密瓜鮮奶油蛋糕 *(P.67)*

材料

【海綿蛋糕】

基本款海綿蛋糕（P.58-P.61）
　　　　　　1個（橫切成3片）

【鮮奶油】

鮮奶油　　　　　　　　　400ml
砂糖　　　　　　　　　　2大匙
白蘭地　　　　　　　　　1大匙

麝香哈密瓜　　　　　　　1個

薄荷葉　　　　　　　　　適量

作法

1　**處理水果**

① 麝香哈密瓜對半切開去籽。以果雕圓挖杓（口徑2.8cm，也可使用1或1/2小匙的量匙）挖成圓球，剩下的削皮切小塊。

② 將①的果肉置於廚房紙巾3小時以上，確實去除水氣。

2　**製作鮮奶油**

將鮮奶油、砂糖及白蘭地放入調理盆，底部隔冰以電動攪拌器打至七分發泡。將1/3的量倒進另一個調理盆，其餘繼續打至八分發泡（七分發泡＝1/3量，八分發泡＝2/3量）。

3　**完成裝飾**（a→d）

① 在第一片海綿蛋糕薄薄塗上一層八分發泡的鮮奶油，鋪上哈密瓜，再抹上薄薄的八分發泡鮮奶油。接著疊上第二片海綿蛋糕，重複相同作法後再疊上第三片海綿蛋糕。

② 蛋糕上方及側面先抹上八分發泡鮮奶油，再塗上七分發泡的鮮奶油修飾。在圓形花嘴的擠花袋中裝進剩餘的鮮奶油（七分、八分一起／若鮮奶油變稀、變軟，可再次打發）沿蛋糕邊緣擠花。內側以哈密瓜球排放裝飾，再放上薄荷葉點綴即可。

a　b　c　d

櫻桃塔 (P.68)

材料

【塔】

烤好的杏仁塔（P.50-P.53）　　　1個

【奶油】

馬斯卡邦起司　　　120g
砂糖　　　2大匙
櫻桃白蘭地（Kirsch）　　　1小匙

美國櫻桃　　　200g

鏡面果膠‧開心果　　　各適量

作法

1　製作鮮奶油
　　將馬斯卡邦起司、砂糖及櫻桃白蘭地放入調理盆，以打蛋器充分打至滑順。

2　完成裝飾（a→d）
　　在杏仁塔上均勻的抹上鮮奶油，再由中心向外側排放美國櫻桃。最後在櫻桃表面刷上鏡面果膠，撒上切碎的開心果點綴即可。

鳳梨&黃金奇異果鮮奶油蛋糕 (P.69)

材料

【海綿蛋糕】

基本款海綿蛋糕（P.58-P.61）
　　　1個（橫切成2片）

【鮮奶油】

鮮奶油　　　300ml
砂糖　　　2大匙
椰奶粉　　　4大匙
蘭姆酒　　　1大匙

鳳梨　　　1/4個
黃金奇異果　　　3至4個

鏡面果膠　　　適量

作法

1　處理水果
①　鳳梨一半切成3mm厚，另一半切成1cm厚的扇形。
②　黃金奇異果去皮，一半切成3mm厚圓片，另一半切成1cm厚的圓片。
③　將①的鳳梨置於廚房紙巾上約3小時，確實去除水氣。

2　製作鮮奶油
　　將鮮奶油、砂糖、椰奶粉及蘭姆酒放入調理盆，底部隔冰以電動攪拌器打至七分發泡。將1/3的量倒進另一個調理盆，其餘繼續打至八分發泡（七分發泡＝1/3量‧八分發泡＝2/3量）。

3　完成裝飾（a→f）
①　在第一片海綿蛋糕抹上薄薄一層八分發泡的鮮奶油，鋪上3mm厚的鳳梨切片，再抹上薄薄的相同鮮奶油，接著鋪上3mm厚的黃金奇異果，再薄薄抹上鮮奶油後，疊上第二片海綿蛋糕。
②　蛋糕表面及側面先抹上八分發泡鮮奶油，再塗上七分發泡的鮮奶油修飾。
　　在中央堆疊1cm厚的鳳梨和黃金奇異果（不時立起水果片作出立體感），再於水果表面刷上鏡面果膠即可。

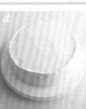

a　b　c　d　e　f

果物手帖

夏天的水果

對於不是很愛夏天的我來說，美味的水果是這個季節少數的美事之一。果肉細緻多汁的甜美白桃；水嫩香甜顏色美麗，香氣高雅的哈密瓜；濃郁又富有酸甜魅力的柑橘；以及果肉澄黃宛如夏天的芒果……

夏天的水果，彷彿都帶著將陽光給予的恩惠鎖住般的活力，令人印象鮮明。

酷夏時以西瓜代替餐點、邂逅櫻桃的俏麗模樣，以及嚐到第一口鮮美黃桃時的美味衝擊……啊，只要是談到夏天的水果，話題怎麼說也說不完呢！

西瓜

【產季】6至8月

【特徵／味道】深綠色的外皮上有著獨特的黑色鋸齒紋路，不過最近也有外皮全黑的品種（でんすけ，漢字為田助）及四方形等改良品種。水分非常多，甜度也高。

【美味選購技巧】富彈性、蒂頭新鮮，黑與綠的線條分明。

【保存方法】未切開時以常溫保存，切開後放入冰箱冷藏。風味容易降低，宜盡早食用。

【ＭＥＭＯ】可作成果汁等涼品，但比起加工更適合品嚐原味。

桃

【產季】6至9月

【特徵／味道】雖因品種而異，但白桃的共同點是柔軟甘甜又多汁。為日本特有品種（亞洲圈有稍硬的，歐美則以黃桃為主流）。

【美味選購技巧】外形圓而飽滿，表面布滿細毛且富彈性。由於容易受傷，要避開有傷痕的。

【保存方法】常溫保存。食用前2至3小時放入冰箱冷藏即可。熟成的桃子尤其容易受傷，請多注意。

【ＭＥＭＯ】桃子去皮後容易變色，宜當下吃完或作成糖漬水果等。

哈密瓜

說到夏季水果，與西瓜並列高人氣的就是哈密瓜。

雖然品種繁多，但若要製作成水果塔與蛋糕，建議還是選青肉品種。

麝香哈密瓜（Earl's品種）

【產季】＊適用所有哈密瓜
4至9月

【特徵／味道】

甜度高、水分多。味道和安地斯哈密瓜十分相似，但有獨特的芳香與Ｔ字藤蔓。Ｔ字藤蔓是一株一果的印記，因此價格不斐。

【美味選購技巧】

工整的圓形，網紋平均分布（這是網紋哈密瓜共通的挑選訣竅）。

【保存方法】＊適用所有哈密瓜

常溫保存。約食用的半天前放入冰箱冷藏。

【ＭＥＭＯ】由於香氣獨特，建議選用味道較柔和的素材來與之搭配。

安地斯哈密瓜

和麝香哈密瓜同樣甘甜多汁，為目前市面上最容易買到的哈密瓜，價格還算平實。本書介紹的鮮奶油蛋糕是使用麝香哈密瓜，若改用安地斯哈密瓜風味也很好。產期和選購方法都和麝香哈密瓜一樣。

關於其他哈密瓜

夕張哈密瓜之類的紅肉瓜果，味道比青肉的更甜、更濃郁。與其應用在塔與蛋糕上，更適合用來製作涼品點心。乳白色外皮且無網紋的Homerun哈密瓜，風味比青肉的更清爽，香氣與味道都纖細又順口。

櫻桃

【產季】5至7月

【特徵／味道】美國產的甜味及果味較濃，日本產的酸甜平衡風味細緻。

【美味選購技巧】富光澤且有彈性。

【保存方法】買來後放入冰箱冷藏。因不耐保存，宜及早食用。

【ＭＥＭＯ】若想加工製成淋醬、果醬或糖漬水果等，宜使用味道濃郁的美國櫻桃，即使加熱後也不影響其美味。

枇杷

【產季】5至6月

【特徵／味道】甜味明顯且幾乎無酸味的高雅風味。特徵是產期短。

【美味選購技巧】外皮呈鮮橘色，飽滿有彈性為佳。由於中間有種子，挑大顆一點的吃起來比較划算。

【保存方法】常溫保存，食用前的2至3小時放入冰箱冷藏。

【ＭＥＭＯ】產期短，請別錯過初夏的風味。

其他的夏季水果

在夏天上市的水果特別多，是個熱鬧繽紛的季節。
產自國外的水果現在也變得容易買到了，請盡情享受鮮美的夏日果物吧！

芒果

Pelican芒果（菲律賓芒果）（左）
蘋果芒果（墨西哥芒果）（右）

【產季】Pelican（進口水果）：全年
蘋果芒果：6至8月（國產愛文亦同）

【特徵／味道】Pelican：甜中帶酸又爽口，一整年都吃得到是魅力所在。
蘋果芒果：濃厚的香甜氣息為其特徵，口感醇厚又多汁。台灣的愛文芒果也是蘋果芒果的一種。

【美味選購技巧】＊適用所有的芒果
富彈性有光澤且無黑色斑點。摸起來稍軟但仍有彈性，就是最佳賞味時刻。

【保存方法】＊適用所有的芒果
常溫保存，食用前2至3小時放入冰箱冷藏

【ＭＥＭＯ】要使用哪一種隨個人喜好。Pelican爽口，蘋果芒果濃郁，Pelican近黃色，蘋果芒果近橘色。國產芒果（宮崎或宮古島等）味道接近蘋果芒果。台灣芒果種類更多，可選用愛文與金煌取代。

鳳梨

【產季】全年

【特徵／味道】甜中帶酸的完美平衡，尤其適合製作涼品點心。

【美味選購技巧】葉子呈新鮮綠色，整體帶彈性。

【保存方法】常溫保存，約食用前的半天放入冰箱冷藏。

【ＭＥＭＯ】鳳梨是成熟才出貨，所以要及早吃完，風味愈放愈不佳。

木瓜

【產季】全年

【特徵／味道】味甜，口感軟黏的熱帶地區代表性水果。和椰子及椰奶味道很合。

【美味選購技巧】外皮有光澤性，整體呈橘黃色。

【保存方法】常溫保存，食用前的2至3小時放入冰箱冷藏。

【ＭＥＭＯ】直接食用時擠點檸檬汁風味更佳。

黃金奇異果

【產季】進口：5至8月（紐西蘭），11至4月（法義中國）

【特徵／味道】較綠色奇異果甜而略帶酸味，更容易食用。且外皮無細毛。

【美味選購技巧】外皮有彈性。

【保存方法】常溫保存，食用前的2至3小時放入冰箱冷藏。

百香果

【產季】全年，盛產期為6至8月。

【特徵／味道】對切食用的水果，酸味明顯的華麗熱帶風味。

【美味選購技巧】若要立刻食用，就挑外皮皺皺的。要放熟就挑表皮有光澤的。

【保存方法】常溫保存，食用前的2至3小時放入冰箱冷藏。

【ＭＥＭＯ】連籽一起食用的果汁，淋在優格及冰淇淋上就成了可口的甜點。

夏季水果的注意事項

☆保存期限短！
成熟的夏季水果甜度高、水分多，由於天氣炎熱，因此多半無法久放。

☆向可信賴的店家購買！
有許多夏季水果都是切開食用才知道品質如何，而且落差甚大。有些必須催熟的水果也不容易掌握品嘗時機。向蔬果店購買時，也一併詢問這方面的資訊吧！

☆冷藏保存會降低美味！
若是一直放在冰箱中冷藏保存，水果的風味和甜度都會降低。以常溫保存，直到要吃之前再冷藏吧！

☆要注意熱帶水果富含的酵素！
鳳梨、哈密瓜、奇異果、木瓜等水果，都含有會分解吉利丁的酵素，製作成果凍等涼品甜點時，可能會出現無法凝固的情形。但是若將這些水果運用於料理，則可以讓肉類柔軟可口。

Autumn

秋天的塔＆蛋糕

梨子、蜜棗、葡萄、柿子……
秋天的樹葉染上紅色、黃色、茶色，
水果似乎也跟著穿上優雅的秋色。
味道上也是，不論是微帶澀味或深奧的甘甜味，
比起春夏鮮明的酸甜滋味，總覺得給人略顯陰暗的印象。
不如就增加海綿蛋糕與鮮奶油的濃郁與風味，
讓秋天的塔與蛋糕也呈現出秋色。
因為是勾人食欲的秋天，請盡情享受甜點的美味吧！

Tart

將無花果放入糖漿中攪拌，裹上甜蜜的拔絲糖衣。
比平常稍簡單的擺飾，讓焦點集中在品嘗豐富的甘甜滋味。
製作拔絲時，重點在於先將無花果放置冰箱冷藏，
直到要裹糖漿才拿出來。

無花果拔絲塔

Recipe → *P.90*

Cake

在暑熱稍緩，涼意襲來的秋天，
正適合沉穩、濃醇，略帶厚重感的蛋糕。
在黑糖風味的海綿蛋糕抹上蘭姆酒與黑糖拌成的鮮奶油，
再裝飾大量水果。雅緻的造型流露一抹涼秋氣息。

涼秋鮮奶油蛋糕

Recipe → *P.90*

Tart

以最愛的組合——瑞可達起司與蜂蜜製作的水果塔。
色澤深淺不一的葡萄與清淡爽口的瑞可達起司相當對味。
以餅乾舀起奶油，再視喜好淋上蜂蜜，最後放上葡萄一起享用！

葡萄瑞可達起司塔

Recipe → *P.92*

Cake

以蕾亞起司包覆底部與中間層的海綿蛋糕,
帶著清新爽口的乳香,是彷彿入口即溶的蛋糕。
雖然是選用貓眼葡萄來示範,但改用巨峰或麝香葡萄也同樣美味。
作為基底的起司蛋糕口味十分單純,搭配其他水果也很合適。

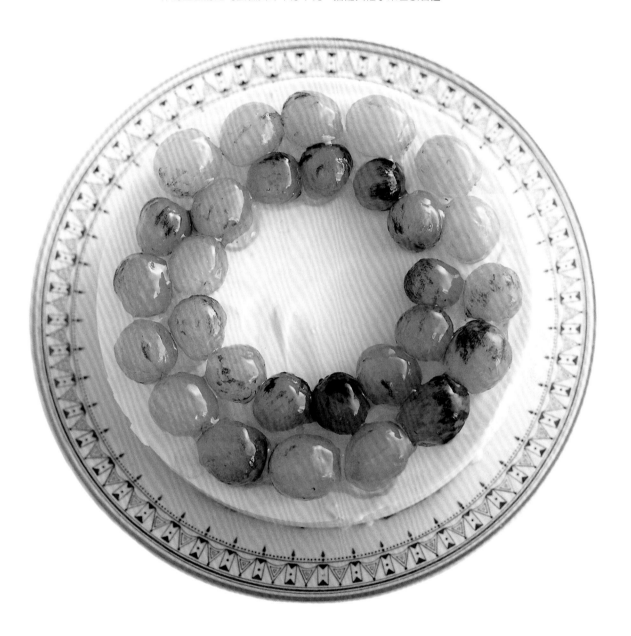

貓眼葡萄蕾亞起司蛋糕

Recipe → *P.91*

Tart

透出蘭姆酒風味的濃醇栗子奶油，搭配鬆軟細緻的鮮奶油。
澀皮煮的栗子再加上鬆脆派皮與裹上焦糖的堅果。
將代表秋天的各式美味奢侈的大量鑲嵌在塔上。
在食欲高漲什麼都想吃的嘴饞秋天，這是一道值得珍藏的食譜。

栗子＆焦糖堅果塔

Recipe → *P.94*

Cake

加入咖啡而帶著一絲苦味的海綿蛋糕，
配上卡士達奶油與栗子奶油。奶油之間奢侈的完美結合，
打造出適合在涼意襲來的秋天品嘗，甘甜濃郁的滋味，
可嘗到滿口栗子風味的秋季蛋糕之王，是大家都愛的人氣甜點。

蒙布朗蛋糕

Recipe → *P.93*

Tart

以源自義大利的甜點薩巴里安尼為發想，
在卡士達奶油裡加入白酒增添風味，並且加上大量水梨的組合。
重點在於，盡可能的將水梨刨成薄片。
水梨的清脆口感與水嫩多汁，和白酒風味的鮮奶油很搭。

＊Zabaglione，以蛋白、砂糖、葡萄酒作成的甜點。

水梨&薩巴里安尼奶油塔

Recipe → *P.93*

Cake

巧克力與西洋梨也是最佳拍檔。

海綿蛋糕與鮮奶油都添加了巧克力，再夾入清脆多汁的西洋梨。

西洋梨不要選太熟的，還留有爽脆口感的最剛好。

即使是香醇的巧克力鮮奶油，也因為西洋梨的調合而變得爽口。

西洋梨雙倍巧克力蛋糕

Recipe → *P.92*

Tart

將柿子作成糖漬，裹上散發蘭姆酒及肉桂香氣的糖衣。
只要稍微加熱，柿子的甜度與味道都會更濃厚。
製作糖漬柿子時的糖漿與鮮奶油混合，完成帶有一絲苦味的成品。
不論是外觀或口味，都是一道最頂級的大人風甜點。

蘭姆肉桂酒漬柿子塔

Recipe → *P.95*

Cake

掺入肉桂、小豆蔻，烤成帶有香料氣息的海綿蛋糕，
再豪邁的抹上大量南瓜鮮奶油，就成了吻合萬聖節氛圍的黃色蛋糕。
最後以苦甜巧克力口味的奧利奧餅乾來點綴。
由於海綿蛋糕裡的香料量不多，小朋友們肯定也會喜歡。

南瓜奧利奧鮮奶油蛋糕

Recipe → *P.95*

無花果拔絲塔 *(P.80)*

材料

【塔】

烤好的杏仁塔（P.50-P.53）	1個

【奶油】

蛋黃	2個份
砂糖	40g
低筋麵粉	20g
香草豆莢	1/3根
牛奶	150ml
奶油	20g
蘭姆酒	1大匙

【拔絲無花果】

無花果	4至5個
水	1大匙
砂糖	100g

益壽糖	4至5大匙
開心果	適量

益壽糖（巴糖醇，亦稱異麥芽酮糖醇）是經過特殊加工後，不會燒焦的白色粉狀砂糖。可在烘焙材料店詢問購買。

作法

1　製作奶油

參照P.63卡士達奶油的作法，以左側的份量製作（蘭姆酒在奶油之後加入），放涼後冷藏。

2　製作拔絲無花果

① 無花果連蒂頭縱切成兩半，放進冰箱冷藏。在盤子或方形淺盤等容器鋪上烘焙紙。

② 將水與砂糖放入小鍋以中火加熱，一邊搖動鍋子將砂糖溶解。待砂糖溶化，糖漿呈淡黃色後即可熄火。

③ 從蒂頭拿起無花果，放入②中沾上糖漿（a），彼此間隔的放在烘焙紙上。放涼後置於冰箱冷藏。

3　製作裝飾用糖片

① 在鋪好烘焙紙的烤盤倒入益壽糖，抹成薄薄的圓形（如左圖），放入預熱至200℃的烤箱烘烤約10分鐘加以溶化。

② 從烤箱取出後，再以湯匙將溶化的益壽糖稍微抹開。

　＊請注意，若抹得太薄會無法成片狀。

③ 冷卻凝固後以餐刀之類的工具敲成小塊（用手很難扳開）。

4　完成裝飾（ b→d ）

將拌至滑順的奶油均勻的抹在杏仁塔上，放上作法2的拔絲無花果後，在適當處插上益壽糖片，再撒上切碎的開心果裝飾即可。

　＊無花果會滲出水分，宜及早食用。

涼秋鮮奶油蛋糕 *(P.81)*

材料

【海綿蛋糕】

黑糖海綿蛋糕	1個（橫切成3片）

＊參照P.58-P.61基本款海綿蛋糕作法，但是將砂糖70g換成砂糖25g＋黑糖（粉狀）50g，其餘作法相同。

【鮮奶油】

鮮奶油	300ml
黑糖（粉狀）	2大匙
蘭姆酒	1大匙

西洋梨	1/2至1個

＊西洋梨種類可隨個人喜好選用

無花果	4至5個
蜜棗	3至6顆

薄荷葉	適量

作法

1　處理水果

將西洋梨切成1至1.5cm的丁塊。無花果去皮，一半切成1cm厚，另一半切成1至1.5cm的丁塊。全都放在廚房紙巾上稍稍去除水氣。

2　製作黑糖鮮奶油

將鮮奶油、黑糖與蘭姆酒放入調理盆，底部隔冰以電動攪拌器打至八分發泡。

3　完成裝飾（ a→d ）

① 在第一片海綿蛋糕抹上薄薄一層鮮奶油，鋪上切丁的西洋梨及無花果後，再薄薄抹上鮮奶油。接著疊上第二片海綿蛋糕，重複相同作法後再疊上第三片海綿蛋糕。

② 在蛋糕表面抹上鮮奶油，放上切成1cm厚的無花果片，並在中間穿插放上西洋梨與蜜棗，最後加上薄荷葉裝飾。

貓眼葡萄蕾亞起司蛋糕 *(P.83)*

材料

【海綿蛋糕】

基本款海綿蛋糕（P.58-P.61）

1個（橫切成3片）

＊切成3片，但只用其中2片。

【蕾亞起司蛋糕】

奶油起司	200g
吉利丁粉	8g

＊茹素者可改用吉利T取代。

水	3大匙
砂糖	100g
原味優格	200ml
檸檬汁	1大匙
鮮奶油	200ml
貓眼葡萄	1串
鏡面果膠	適量

前置作業

奶油起司退冰至室溫。

吉利丁粉加水溶解。

作法

1　準備海綿蛋糕與貓眼葡萄

① 將一片海綿蛋糕放進直徑18cm的活動蛋糕模，另一片切成較小的圓形（約直徑16cm）備用（a）。

② 貓眼葡萄去皮，置於廚房紙巾上至少1小時，確實去除水氣。

2　製作蕾亞起司蛋糕

① 將奶油起司放入調理盆以打蛋器拌至滑順，再依序加入砂糖、原味優格及檸檬汁，每加一樣都要充分拌勻。

② 吉利丁粉隔熱水溶解（或用微波爐加熱約30秒）。

③ 以湯匙將①的蕾亞起司醬舀1至2匙倒入②中，充分混合後再倒回①中拌勻（如左圖）。

④ ④將鮮奶油倒入另一個調理盆，底部隔冰以電動攪拌器打至六分發泡。

⑤ 將③倒入④中，充分混合。

3　完成裝飾（b→e）

① 在放入一片海綿蛋糕的活動蛋糕模中倒入一半蕾亞起司醬，將較小的海綿蛋糕片放入，再倒入剩餘的蕾亞起司。放進冰箱冷藏約半天，加以凝固。

② 毛巾沾熱水後擰乾，圍住①的模具側面將蛋糕脫模，以貓眼葡萄裝飾，再刷上鏡面果膠即可。

無花果拔絲塔

貓眼葡萄蕾亞起司蛋糕

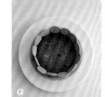

葡萄瑞可達起司塔 *(P.82)*

材料

【塔】

| 烤好的杏仁塔（P.50-P.53） | 1個 |

【奶油】

優格	400g
瑞可達起司	200g
蜂蜜	2大匙

| 特拉華葡萄 | 1/4串 |
| 麝香葡萄 | 1串 |

＊示範選用連皮一起吃也很美味的麝香葡萄。
當然也可隨個人喜好去皮。

| 餅乾（直徑4cm） | 13片 |

| 細葉芹 | 適量 |

作法

前置作業

將優格放在鋪上厚厚一層廚房紙巾的篩網或竹簍中一晚，脫水至200g。

1　處理葡萄

將一半的特拉華葡萄去皮，置於廚房紙巾上稍稍去除水氣。

2　製作奶油

將瑞可達起司、脫水優格與蜂蜜放入調理盆，以打蛋器拌至滑順狀。

3　完成裝飾（a→d）

① 餅乾沿杏仁塔邊緣插入餡裡，圍成一圈後放入一半的奶油。

② 放上一半的葡萄，再將剩餘的奶油放入堆成小山狀。

③ 以另一半的葡萄裝飾，撒上細葉芹。可隨喜好淋上3大匙的蜂蜜（份量外／量多一點也很美味）。

西洋梨雙倍巧克力蛋糕 *(P.87)*

材料

【海綿蛋糕】

| 可可海綿蛋糕 | 1個（橫切成2片） |

＊參照P.58-P.61基本款海綿蛋糕作法，但是將低筋麵粉85g換成低筋麵粉75g＋可可粉10g，其餘作法相同。

【鮮奶油】

| 鮮奶油 | 300ml |
| 苦甜巧克力（切碎） | 80g |

| 西洋梨 | 1至2個 |

＊法國西洋梨（La France）或西洋梨（Le Lectier）均可，可依個人喜好選用。

| 巧克力棒・可可粉・開心果 | 各適量 |

作法

1　處理西洋梨

西洋梨去皮切成5mm厚的半月形，置於廚房紙巾上稍稍去除水氣。

2　製作巧克力鮮奶油

① 將鮮奶油放進小鍋加熱，沸騰後加入苦甜巧克力改弱火。以橡皮刮刀一邊攪拌均勻一邊加熱，待完全溶化即熄火。移至調理盆，冷卻後放進冰箱冷藏。

② 在①的調理盆底隔冰以電動攪拌器打至八分發泡。

3　完成裝飾（a→c）

① 在第一片海綿蛋糕抹上一層鮮奶油，鋪上西洋梨後同樣抹上鮮奶油。接著疊上第二片海綿蛋糕。

② 在蛋糕表面抹上鮮奶油，西洋梨以中心為準，排成放射狀。在排花嘴的擠花袋中裝進剩餘的鮮奶油，沿蛋糕邊緣擠花。加上巧克力棒裝飾後，以篩網撒下可可粉，最後以切碎的開心果點綴即可。

蒙布朗蛋糕 *(P.85)*

材料

【海綿蛋糕】

咖啡海綿蛋糕	1個 （橫切成3片）

＊參照P.58-P.61基本款海綿蛋糕作法，但是將牛奶換成2大匙溶解的即溶咖啡，其餘作法相同。

【奶油】

卡士達奶油

蛋黃	1個份
砂糖	20g
低筋麵粉	15g
香草豆莢	1/3根
牛奶	120ml
鮮奶油	170ml＋2大匙
栗子泥	180g
蘭姆酒	1大匙
牛奶	1大匙
栗子澀皮煮	7粒
巧克力棒・糖粉・薄荷葉	各適量

作法

1 製作兩種奶油

【卡士達奶油×鮮奶油】

① 參照P.63卡士達奶油的作法，以左側的份量製作（不加奶油），放涼後冷藏。

② 將鮮奶油（170ml）倒入調理盆，底部隔冰以電動攪拌器打至八分發泡。

③ 將①拌至滑順後倒入②，再充分混合均勻。

【栗子奶油】

① 以少量多次的方式，在栗子泥中加入蘭姆酒、鮮奶油（2大匙）、牛奶（1大匙）拌至滑順。

② 將栗子奶油裝進蒙布朗花嘴的擠花袋中。

2 處理栗子

4顆栗子切碎，3顆縱切成兩半。

3 完成裝飾（a→d）

① 在第一片海綿蛋糕表面抹上卡士達奶油×鮮奶油，鋪上切碎的栗子後再抹上同樣的奶油。接著疊上第二片海綿蛋糕，重複相同作法後再疊上第三片海綿蛋糕。

② 在蛋糕表面抹上卡士達奶油×鮮奶油，再斜斜擠出栗子奶油。

③ 在蛋糕邊緣加上巧克力棒裝飾，以篩網撒下糖粉，最後放上切半的栗子與薄荷葉點綴即可。

水梨&薩巴里安尼奶油塔 *(P.86)*

材料

【塔】

烤好的杏仁塔（P.50-P.53）	1個

【奶油】

蛋黃	2個份
砂糖	50g
低筋麵粉	30g
香草豆莢	1/2根
牛奶	120ml
白酒	80ml
奶油	20g
水梨	1個

＊幸水、豐水或二十世紀梨皆可，依個人喜好選用。

鏡面果膠・細葉芹	各適量

作法

1 處理水梨

水梨去皮切成4等分的半月形，再縱切成1mm的薄片，置於廚房紙巾上稍去除水氣。

2 製作奶油

參照P.63卡士達奶油的作法，以左記的份量製作（在第二次加熱成濃稠狀時徐徐倒入白酒，充分攪拌加熱），放涼後冷藏。

3 完成裝飾（a→c）

將拌至滑順的白酒卡士達奶油均勻的抹在杏仁塔上，沿塔皮邊緣將水梨片排成花瓣狀，再刷上鏡面果膠，以細葉芹裝飾。

栗子&焦糖堅果塔

蘭姆肉桂酒漬柿子塔

南瓜奧利奧鮮奶油蛋糕

栗子&焦糖堅果塔 (*P.84*)

材料

【塔】

烤好的杏仁塔（P.50-P.53）	1個

【焦糖堅果】 ＊會有剩餘份量

水	1大匙
砂糖	100g
喜歡的堅果（烘烤過）	100g

＊核桃・杏仁・開心果・榛果等

【鮮奶油】

栗子泥	180g
蘭姆酒	1大匙
鮮奶油	150ml＋3至4大匙

冷凍派皮（20×20cm）	1/2片

栗子澀皮煮	6粒
Pocky杏仁巧克力棒	3至4根
開心果	適量

栗子泥是將蒸熟的栗子搗碎，再以砂糖或香草調味的製品。與栗子奶油是不同的，這點要特別注意。可在烘焙材料店買到。

作法

1 製作焦糖堅果＆烤派皮

① 砂糖與水放入鍋中，一邊以中火加熱一邊輕輕搖動鍋子，煮至砂糖溶化。

② 糖漿呈焦茶色後倒入堅果，熄火拌勻，使堅果充分沾上焦糖醬。接著置於烘焙紙上放涼，冷卻至可用手觸摸的溫度後，將堅果切成適當大小。

③ 以擀麵棍將派皮延展至比塔皮大一圈，再以叉子平均刺出許多小洞。

④ 將派皮放在鋪著烘焙紙的烤盤上，蓋上網子避免派皮膨起。放進預熱至200℃的烤箱烘烤約20分鐘，拿掉網子再烤約20分鐘後，移至涼架冷卻。

2 製作兩種奶油

【栗子奶油】

將蘭姆酒與3至4大匙的鮮奶油徐徐加入栗子泥中，拌至滑順。

【鮮奶油】

將150ml的鮮奶油倒入調理盆，底部隔冰以電動攪拌器打至八分發泡。

3 完成裝飾（a→d）

將栗子奶油均勻的抹在杏仁塔上，再抹上一層八分發泡的鮮奶油。烤好的派皮分成六等分，呈放射狀插在奶油上。派皮之間撒上焦糖堅果，再放上栗子的澀皮煮，最後加上Pocky杏仁巧克力棒與切碎的開心果裝飾。

蘭姆肉桂酒漬柿子塔 *(P.88)*

材料

【塔】

烤好的杏仁塔（P.50-P.53）	1個

【蘭姆肉桂酒漬柿子】

硬柿	4至5個
＊不要過熟	
砂糖	4大匙
奶油	20g
蘭姆酒	1大匙
肉桂粉	1/2小匙

【鮮奶油】

鮮奶油	100ml
酒漬柿子的蘭姆肉桂糖漿	2至3大匙
杏仁片（烘烤過）・開心果	各適量

作法

1 製作蘭姆肉桂酒漬柿子

① 柿子去皮，切成4至6等分的半月形。

② 將砂糖倒入炒鍋，以中火加熱溶解，呈現茶色並散發香味即可熄火。接著加入奶油及蘭姆酒，以木匙等攪拌混合。

＊如果加熱到快要冒煙的焦糖狀，會變得有點苦。

③ 全部混合均勻後再開火加熱，開始沸騰冒泡就加入柿子，以木匙攪拌30秒左右。撒上肉桂粉即熄火（a），冷卻後放進冰箱冷藏。

＊此醬汁要留下來製作鮮奶油。

2 製作鮮奶油

將鮮奶油及製作酒漬柿子的蘭姆肉桂糖漿（已冷卻）倒入調理盆，底部隔冰以電動攪拌器打至八分發泡。

3 完成裝飾（b→d）

將鮮奶油均勻的抹在杏仁塔上，放上瀝去多餘糖漿的柿子，再撒上杏仁片及切碎的開心果即可。

＊糖漿若太多，可以在切片後淋一點到柿子塔上。

南瓜奧利奧鮮奶油蛋糕 *(P.89)*

材料

【海綿蛋糕】

香料海綿蛋糕	1個（橫切成3片）

＊參照P.58-P.61基本款海綿蛋糕作法，但是在低筋麵粉中加入1/4的肉桂粉及1/4小匙的小豆蔻（一起過篩），其餘作法相同。

【南瓜脆片】

南瓜	120g
奶油	10g
砂糖	1大匙
肉桂粉	少許

【鮮奶油】

南瓜	200g（淨重）
砂糖	50g
鮮奶油	200ml
奧利奧餅乾	8至10片

＊刮掉夾心奶油後使用

南瓜仁	適量

作法

1 製作南瓜脆片

南瓜去籽，連皮縱切成5mm薄片，放在鋪好烘焙紙的烤盤上，平均撒上切成小塊的奶油，再以篩子撒上砂糖及肉桂粉，放入預熱至180℃的烤箱烘烤20至25分鐘後，放置冷卻。

2 製作鮮奶油

① 南瓜去皮去籽，切成適當大小，水煮至竹籤可輕易穿過的程度。去除水氣後，以篩網壓成泥。

② 將①及砂糖放進小鍋，以中火加熱，不斷攪拌至表面變得水亮有光澤為止。放涼後放進冰箱冷藏。

③ 將鮮奶油倒入調理盆，底部隔冰以電動攪拌器拌至七分發泡。

④ 將完全冷卻的②倒入③中，以橡皮刮刀充分攪拌。取出1/3的量放入另一個調理盆，其餘繼續打至八分發泡（七分發泡＝1/3量，八分發泡＝2/3量）。

3 完成裝飾（a→d）

① 在第一片海綿蛋糕塗滿八分發泡的鮮奶油，疊上第二片海綿蛋糕後重複相同作法，再疊上第三片海綿蛋糕。

② 在蛋糕表面及側面抹上八分發泡鮮奶油，再塗上七分發泡的鮮奶油修飾。在星形花嘴的擠花袋中裝進剩餘的鮮奶油（七分、八分一起／若鮮奶油變稀、變軟，可再次打發）沿蛋糕邊緣擠花。最後加上南瓜脆片、奧利奧餅乾（可隨個人喜好切兩半）及南瓜仁作為裝飾。

果物手帖

秋天的水果

水梨的淺褐、柿子略深的橘紅、無花果的穩重粉紅、葡萄的深藍紫與酒紅……穿上秋天深沉色調的水果，總是給人優雅的印象。口味上也一樣，無論是那一絲澀味、圓潤中帶著深奧的甘甜，或是水嫩的透明感，全都散發著成熟的氣息。同時令人感受到和風或東方氛圍。

打心底嘆讚「真是好吃啊！」而變得有點思鄉的，應該不只我一人吧？

以前，我並不會因為水果的外觀與滋味而如此善感，最近卻漸漸對秋天的水果有了更深的了解。

這是或許是成為大人的證明吧？我這麼想。

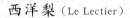
梨

同樣是梨子，但水梨與西洋梨在口感上有很大的不同。

水梨的特徵是吃起來清脆多汁，西洋梨的魅力則是在於滑順而濃郁甘甜的果肉。

但如果未經催熟或等待熟成，吃起來就不那麼甜美，很難決定品嘗的時機。

水梨（幸水）

【產期】
7至8月

【特徵／味道】
果肉柔軟，水分多，甜味紮實。

【美味選購技巧】＊適用所有水梨
顏色均勻不斑駁，果實有彈性，拿起來有沉甸甸的重量感。

【保存方法】＊適用所有水梨
裝入保存袋放進冰箱冷藏，可保存一週左右。

【MEMO】
褐色皮的水梨代表為幸水及豐水，這兩種就占了水梨約50%的出貨量。書中的水果塔使用當季的幸水梨，改用豐水梨（8至9月）也一樣美味。亦可選擇青皮梨代表性品種的新世紀梨（8至10月）。

西洋梨（Le Lectier）

【產期】
11至12月

【特徵／味道】
漂亮的黃綠色外皮，成熟時能聞到果香。非常甘甜多汁，口感綿密滑順。

【美味選購技巧】＊適用所有西洋梨
外皮完整無傷，果實有彈性。形狀不均勻與味道無太大關係。

【保存方法】＊適用所有西洋梨
置於室溫下等待熟成即可。一旦變軟即可食用，食用前的2至3小時放進冰箱冷藏。

【MEMO】
產季短，看到就要趕快買來品嘗。外皮變成偏黃的顏色就可以吃了。

西洋梨（Le France）

【產期】
11至1月

【特徵／味道】
甜中帶點微酸。飽滿多汁，入口即化。

【MEMO】
不限於法國洋梨，西洋梨的口感都很滑順，有別於水梨的清脆。

作成糖漬水果或果醬更是加倍美味，濃郁甜美的味道也適合烘製蛋糕及水果塔。

葡萄

貓眼與巨峰葡萄在深邃甘甜中帶有一絲澀味；麝香葡萄甜味高雅清新；特拉華顆粒小但甜而多汁。外皮顏色不同，味道也各異其趣的葡萄，是秋天的代表性水果。

亞歷山大圓葉麝香葡萄

【產期】
8至10月

【特徵／味道】
顆粒大，顏色翠綠美麗。皮薄不澀可一起吃下。果肉甘甜多汁，高雅的香氣及味道是其特徵。

貓眼葡萄（PIONE）

【產期】
7至10月

【特徵／味道】
可連皮一起吃的黑葡萄。甜味深奧雅緻，略帶澀味，香氣十足。

【美味選購技巧】＊適用所有葡萄
果實飽滿有彈性，枝條新鮮未乾枯。表面有果粉（外皮上的白粉）是新鮮的證據。

【保存方法】＊適用所有葡萄
用報紙包好裝入保存袋，再放進冰箱冷藏，但保存期限不長。食用前再清洗即可。

【MEMO】
果皮帶有香氣，可連皮一起作成糖漬水果或果醬。漂亮的顏色十分有魅力。

特拉華葡萄

【產期】
7至8月

【特徵／味道】
顆粒小，香氣較淡，但甘甜多汁。由於沒有籽，吃起來方便順口。

無花果

【產期】
7至10月

【特徵／味道】
軟黏果肉搭配顆粒狀的種籽，口感豐富有趣。沉穩深邃的甜味與獨特香氣，是無花果的特色。

【美味選購技巧】
果實飽滿有彈性，蒂頭新鮮，切口未乾枯。

【保存方法】
裝入保存袋放進冰箱冷藏，由於柔軟易受傷，宜及早食用。

【MEMO】
其實，無花果和紅豆餡等日式食材也十分對味，日式料理中也會使用。保存期限短，可作成糖漬水果或果醬享用。

柿子（富有柿）

【產期】
10至12月

【特徵／味道】果肉細密甜度高，口感清脆多汁，是所有柿子中水分最多的。

【美味選購技巧】果實富光澤及彈性，形狀飽滿圓潤。

【保存方法】裝入保存袋放進冰箱冷藏，約可保存一週。

【MEMO】將成熟的柿子直接冷凍，即是雪酪中的極品。

蜜棗

【產期】
7至9月

【特徵／味道】李子的一種，Q彈厚實的果肉是它的特徵。甜度高加上適當微酸，形成良好平衡。

【美味選購技巧】果實富光澤及彈性，和葡萄一樣表面有果粉是新鮮的代表。

【保存方法】裝入保存袋放進冰箱冷藏，約可保存一週。

Winter

冬天的塔 & 蛋糕

❄

鮮紅豔麗的蘋果，酸甜多汁的柑橘。
在水果種類不算多的冬季，拜品種多樣化之賜，
店裡仍然陳列著紅玉、富士等各式蘋果，
以及慶祝豐收般成堆的蜜柑與伊予柑等柑橘類。
將如此水嫩多汁的水果搭配鮮奶油作成水果塔或蛋糕，
即使在心情容易低落的寒冷冬天，
這股新鮮的香甜氣息也必然能帶來美麗的好心情。

Tart

豪邁的堆上大量烤蘋果，再加上派皮裝飾。
切成大塊的蘋果口感十足，多汁又帶有微微香氣。
穿插其中的酥脆派皮，交織出軟甜與香酥分明的食感。
宛如盛裝著蘋果派的奢侈水果塔。

蘋果派奶油塔

Recipe → *P.106*

Cake

將染上淡淡粉紅、惹人愛憐的蘋果花瓣細心排放，
在蛋糕上綻放出盛開的美麗花朵。
製作糖煮蘋果時保留了適當的脆度，留下輕快的口感。
搭配摻入大量優格的鮮奶油，完成清新爽口的蛋糕。

蘋果花鮮奶油蛋糕

Recipe → *P.106*

Tart

滿滿鋪上當季的新鮮柑橘，水嫩多汁的口味是人見人愛的水果塔。
除金橘以糖漬處理外，其他柑橘類都是直接保留原味，切成大塊堆疊。
雖統稱柑橘，但是其酸味、甜度、香氣及水分會依品種各有不同。
不必侷限於書中介紹的種類，可隨興使用其他柑橘喔！

柑橘塔

Recipe → *P.107*

Cake

散發濃濃柚香的稀有和風蛋糕。正因為是親自動手製作，
當然要使用當令的新鮮水果。以清淡百搭的奶油起司來搭配，
讓柚子的酸香與獨特苦味，淡化成清爽可口的美味。
因為是只有這個季節才可以吃到的柚子，所以就痛快的享用吧！

＊此處使用的日本柚子與台灣通稱的柚子或文旦不同種，外皮富含獨特的柑橘類香氣。

日本柚鮮奶油起司蛋糕

Recipe → *P.108*

SPECIALITE 節慶特別款

在節慶活動特別多的冬季，稍稍變一下花樣吧……
以下介紹兩款適合節日的特別款蛋糕。

For Xmas

人氣必備款的草莓鮮奶油蛋糕，只要改變一下組合方式，
就能成為洋溢聖誕節歡樂氛圍的特別版蛋糕。
由於是塗抹鮮奶油之後再放上莓類水果，因此抹平鮮奶油時可以更輕鬆。
撒上銀珠糖及糖粉，就是適合聖誕夜又令人眼睛一亮的蛋糕。

草莓巨蛋蛋糕

Recipe → *P.109*

For New Year

請務必在新年時親手製作看看，這個適合熱鬧聚會場合的賀歲蛋糕。

和夏天相比，冬天的水果的確不多，但是像年菜料理栗金飩使用的栗子，

其絮實的甜味就很適合用於蛋糕，與略帶苦味的抹茶海綿蛋糕更是天作之合。

最後以石榴作為點綴，增添清爽酸味與漂亮的紅色。

＊栗金飩：日本歧阜縣和菓子名產，年節時會食用。

新年蛋糕

Recipe → *P.109*

蘋果派奶油塔 (P.100)

材料

【塔】

烤好的杏仁塔（P.50-P.53）	1個

【烤蘋果】

蘋果（紅玉）	3個
紅糖	2至3大匙
奶油	10g
肉桂粉	少許

【鮮奶油】

鮮奶油	120ml
紅糖	1大匙

冷凍派皮（20×20cm）	1/2片
糖粉·薄荷葉	各適量

作法

1 製作烤蘋果&烤派皮

① 蘋果連皮縱切成4等分，去芯去籽。

② 將蘋果排在鋪好烘焙紙的烤盤上，均勻撒上紅糖、切小塊的奶油及肉桂粉（a），再放進預熱至170℃的烤箱烘烤約20分鐘，拿出放置冷卻。

③ 以擀麵棍將派皮延展至比塔皮大一圈，以叉子平均刺出許多小洞後，再切成易入口的大小（約10×2cm）。

④ 將派皮放在鋪著烘焙紙的烤盤上，蓋上網子避免派皮膨起。放進預熱至200℃的烤箱烘烤15至20分鐘（如左圖），烤好後撒上糖粉，再放入220℃的烤箱烤2至3分鐘，使糖粉焦糖化（容易烤焦，要邊觀察邊烤）。

2 製作鮮奶油

① 將鮮奶油與紅糖放入調理盆，底部隔冰以電動攪拌器打至八分發泡。

② 全部裝進圓形花嘴的擠花袋中。

3 完成裝飾（b→d）

將鮮奶油均勻的抹在杏仁塔上，放上去除多餘糖水的烤蘋果。在蘋果上以鮮奶油擠花，再疊上蘋果，擠上鮮奶油。最後將烤好的派皮插在鮮奶油上，以篩網撒下糖粉，裝飾薄荷葉即可。

蘋果花鮮奶油蛋糕 (P.101)

材料

【海綿蛋糕】

基本款海綿蛋糕（P.58-P.61）	1個（橫切成2片）

【糖漬蘋果】

蘋果（紅玉）	4個
水	800ml
砂糖	200g
蘋果白蘭地（Calvados）	1大匙

【鮮奶油】

優格	300g
鮮奶油	150ml
砂糖	2大匙

鏡面果膠·細葉芹	各適量

作法

前置作業

將優格放在鋪上厚厚一層廚房紙巾的篩網或竹簍中一晚，脫水至150g。

1 製作糖漬蘋果

① 蘋果去皮縱切成4等分，去芯去籽。

② 將水、砂糖與蘋果皮放入鍋中，開火煮至沸騰。接著將蘋果放在蘋果皮上（a）。以廚房紙巾剪成比鍋子稍小的圓形，覆在蘋果上作為鍋蓋，以弱火煮20至30分鐘即熄火，倒入蘋果白蘭地，放涼後放入冰箱冷藏。

③ 蘋果切薄片，置於廚房紙巾上1小時去除水氣。

2 製作鮮奶油

① 將鮮奶油及砂糖放入調理盆，底部隔冰以電動攪拌器打至九分發泡。

② 脫水優格加入①中，充分拌勻。

③ 將3/4量的優格鮮奶油裝進星形花嘴的擠花袋中。

3 完成裝飾（b→d）

在第一片海綿蛋糕上以擠滿鮮奶油，放上蘋果後再擠上鮮奶油。接著疊上第二片海綿蛋糕，在蛋糕表面抹上鮮奶油後，由中心開始將蘋果排成花瓣狀，再刷上鏡面果膠。最後在蛋糕邊緣以鮮奶油擠花，加上細葉芹裝飾。

柑橘塔 *(P.102)*

材料

【塔】

烤好的起司塔（P.50-P.53）	1個

【糖漬金橘】＊會有剩餘份量

金橘	200g
砂糖	100g

喜愛的柑橘	合計 300g 至 400g

＊蜜柑、伊予柑及日向夏等皆可

鏡面果膠・薄荷葉	各適量

作法

1　製作糖漬金橘

① 金橘去蒂，以竹籤戳2至3個洞。

② 將①處理好的金橘與足夠的水（份量外）放入鍋中加熱，沸騰後煮2至3分鐘倒掉熱水。

③ 將砂糖倒入②的鍋中，加入剛好淹過食材的水（份量外）開火加熱。沸騰後以以廚房紙巾剪成比鍋子稍小的圓形，覆在金橘上作為鍋蓋，以文火煮約20至30分鐘。放涼後放入冰箱冷藏。

④ 數粒金橘對半切開，其他的維持原狀。

2　柑橘去皮，切法如下：

蜜柑→橫切成兩半。

伊予柑→分瓣後小心剝去薄皮。

椪柑→每隔2至3瓣剝開，再對半橫切。

日向夏→分瓣後橫切成兩半（小心剝去薄皮）。

3　完成裝飾（a → c）

將切好的柑橘排放在起司塔上，再刷上鏡面果膠（可用滴淋方式將鏡面果膠作為黏著劑使用）。約重複三次，將柑橘堆成小山狀（參考P.56）。最後在水果表面刷上鏡面果膠，以薄荷葉裝飾。

蘋果派奶油塔

蘋果花鮮奶油蛋糕

柑橘塔

日本柚鮮奶油起司蛋糕 *(P.103)*

材料

【海綿蛋糕】

柚子海綿蛋糕　　　1個　（橫切成3片）

參照P.58-P.61基本款海綿蛋糕作法，但是加入
低筋麵粉後再放入1/2個柚子皮絲，其餘作法
相同。

【柚子醬】　＊會有剩餘份量

柚子	500g
砂糖	250g

【鮮奶油】

奶油起司	120g
砂糖	1大匙
鮮榨柚子汁	1至2小匙
鮮奶油	120ml

切細末的柚子皮‧開心果　　各少許

作法

1　製作柚子醬

① 柚子充分洗淨，取柚子皮的黃色部分切成細末（皮若有太多白色部分會變苦）。果肉一半榨汁，種子曬過以後入裝進小布袋或茶包裡。

② 將①的柚子皮以水沖淨，煮二至三次去除苦味。

③ 將①與②放入鍋中，加水至淹過材料（份量外），開火加熱。沸騰後轉弱火，舀去浮沫後分兩次倒入砂糖，從鍋底繞圈充分攪拌，煮至濃稠狀為止，最後取出籽。

2　製作鮮奶油

① 奶油起司退冰至室溫，加入砂糖與柚子汁，拌至滑順。

② 將鮮奶油放入調理盆，底部隔冰以電動攪拌器打至八分發泡。

③ 將①倒入②中，充分攪拌後冷藏。

3　完成裝飾（a→d）

① 在第一片海綿蛋糕表面抹上起司鮮奶油，再抹上柚子醬（3至4大匙）。接著疊上第二片海綿蛋糕，重複相同的作法後疊上第三片海綿蛋糕。

② 同樣在蛋糕表面抹上起司鮮奶油，再塗上柚子醬。將剩下的起司鮮奶油裝進圓形花嘴的擠花袋中，沿邊緣擠兩圈，再以切細末的柚子皮和開心果裝飾即可。

日本柚鮮奶油起司蛋糕

草莓巨蛋蛋糕

 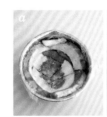   

新年蛋糕

草莓巨蛋蛋糕 *(P.104)*

材料

【海綿蛋糕】
基本款海綿蛋糕（P.58-P.61）
　　　　　　　　　1個（橫切成3片）

【鮮奶油】
鮮奶油　　　　　　300ml
砂糖　　　　　　　2大匙

喜愛的莓果類　　　合計約400g
＊草莓・藍莓・覆盆子等皆可

銀珠糖・糖粉　　　各適量

作法

1　處理莓果
　　草莓視大小切成一半或1/3。其他莓果也視大小分切。

2　製作鮮奶油
① 鮮奶油及砂糖倒入調理盆，底部隔冰以電動攪拌器打至八分發泡。
② 取出2/3量的鮮奶油，放入2/3量的莓果混合。

3　完成裝飾（a→d）
① 將1/3片的海綿蛋糕切成約等同調理盆口的大小（約直徑18cm），另取1/3片以十字形切成4等分。
② 在調理盆內鋪上保鮮膜，再放入切成4等分的海綿蛋糕，並用剩餘的1/3片海綿蛋糕切成適當大小，填補縫隙（a／稍微有點縫隙也沒關係，抹上鮮奶油就看不見了）。
③ 倒入一半含莓果的鮮奶油，鋪排剩餘的海綿蛋糕後，再倒入另一半含莓果的鮮奶油。接著輕輕放上切成調理盆盆口大小的1/3片海綿蛋糕（b）。覆蓋保鮮膜後放入冰箱冷藏1小時以上。
④ 倒扣取出蛋糕，在蛋糕表面均勻抹上未加入莓果的鮮奶油，平均鋪放莓果後，撒上銀珠糖，再以篩網撒下糖粉。

新年蛋糕 *(P.105)*

材料

【海綿蛋糕】
抹茶海綿蛋糕　　　1個（橫切成3片）
＊參照P.58-P.61基本款海綿蛋糕作法，但是將低筋麵粉85g換成低筋麵粉70g＋抹茶粉10g，其餘作法相同。

【鮮奶油】
抹茶・砂糖　　　　各10g
鮮奶油　　　　　　300ml

栗金飩　　　　　　200g
栗子甘露煮　　　　130g

黑豆・石榴・糖粉　各適量

作法

1　製作鮮奶油
① 將抹茶粉與砂糖放入調理盆充分混合。
② 少量多次加入鮮奶油，底部隔冰以電動攪拌器打至八分發泡。

2　完成裝飾（a→d）
① 在第一片海綿蛋糕塗上栗金飩泥，並且放上8至10顆切成1/4大的栗子甘露煮（即糖煮栗子）。抹上抹茶鮮奶油後，疊上第二片海綿蛋糕，重複相同作法後，再疊上第三片海綿蛋糕。
② 在上面抹上奶油，在聖安娜花嘴（Saint Honoré Tip）的擠花袋中裝進剩餘的鮮奶油，擠出波浪形花紋。再以栗子甘露煮、黑豆、石榴裝飾，並以篩網撒下抹茶粉。

果物手帖

冬天的水果

在我心中，冬季水果是屬於幸福的景致之一。在寒冷的冬天，母親說著「很有營養喔」然後將紅咚咚的蘋果端上桌；家人們看電視聊些生活小事時，手裡嘴裡也忙著剝橘子吃橘子。而必定會在年菜料理出現的金橘，一看見它便會喚起新年的回憶。雖然少了其他季節的繽紛熱鬧，但冬季水果價格親切，常溫下耐保存，所以大家的冬日記憶裡一定和我一樣，有個會自然融入冬日水果的幸福角落。

蘋果一年四季都買得到，但適合製成點心的紅玉產期在初冬，剛上市的新鮮蘋果富含果膠，顏色也較鮮豔。所以，烘烤好吃的蘋果派就成了我的冬季手工業。

紅玉一問市，就不禁讓人感覺「冬天來了呀」！

蘋果

蘋果的種類繁多，但是若要製作甜點，則是推薦以下兩種，
即使加熱也不會失去原本風味，並帶有酸香的品種。

紅玉

【產期】10 至 1 月
9 月下旬就有新鮮貨上市。產季過後內含的果膠會變少，影響風味，請注意。

【特徵／味道】
甜酸均衡，果肉硬脆，加熱後口感也一樣飽滿實在，很適合用來製作甜點。紅玉的特徵是稍小（約200g），外皮深紅。若是連外皮一起煮，果肉就會染上淡淡的粉紅色。由於果膠含量會影響表面的光澤及風味，如果要製作漂亮又美味的蘋果花鮮奶油蛋糕（P.101），請務必使用產期內的紅玉。

【美味選購技巧】*適用所有蘋果
外皮光澤，飽滿有彈性。

【保存方法】*適用所有蘋果
避開日光直射或暖器吹得到的地方。若室內的冷熱溫差大，可放進冰箱的蔬菜室。紅玉和其他品種的蘋果相比更容易走味，宜及早食用。

【MEMO】
製成甜點是理所當然，但實際上和豬肉也很對味。

喬納金（Jonagold）

【產期】10 至 12 月
接在紅玉之後上市。在紅玉未上市的春至夏季也容易買到。

【特徵／味道】
雖然是紅玉之外的另一個適合製成甜點的品種，卻是我個人最喜歡直接吃的蘋果。口感清脆卻比紅玉稍軟一些，也比較大（約300g）。

【MEMO】
作成沙拉也非常美味。

其他蘋果

其他還有「富士」或「陸奧」等種類不一的蘋果。雖然推薦使用紅玉與喬納金來製作甜點，但非產季時也可拿其他品種代替，加點檸檬汁即可彌補不足的酸香。紅玉之外的蘋果外皮顏色淺，和果肉一起煮也不會染上淡粉紅色，可加入石榴汁來拌煮。

柑橘類

種類特別多，但日本許多柑橘集中在1至3月間上市，都具有柑橘特有的清爽，與甜中帶酸的口味。另外也具有多汁或順口的個別特色等。

蜜柑

【產期】
12至2月
【特徵／味道】
甜度高，略酸，富含水分。容易親近的味道。
【美味選購技巧】＊適用所有柑橘
外皮富光澤，有彈性。蒂頭新鮮未乾枯。
【保存方法】＊適用所有柑橘
避開日光直射或暖器吹得到的地方。若室內的冷熱溫差大，可放進冰箱的蔬菜室。

伊予柑

【產期】
1至3月
【特徵／味道】
皮稍厚，容易剝開。果肉多汁且酸甜平衡。

金橘

【產期】12至2月
【特徵／味道】
果實小，約10g左右。算是稀有的柑橘，可連皮一起食用。酸度較高，連皮吃會有點苦味。
【MEMO】
作成糖漬或砂糖漬等，加工後更美味。

柚子

【產期】10至12月
夏天是青柚，秋天以後是黃柚。
【特徵／味道】
果皮芳香，有像果汁一樣好吃的酸味。
【MEMO】
在日本料理中用來增添風味等，也是年菜，如柚子釜等常見的食材。因為具有濃郁的香氣，只要將柚子皮絲加入麵糊內，很快就變成一道柚子甜點。

桶柑

【產期】
1至3月
【特徵／味道】
特色是頭的部分特別突出。外觀圓胖，甜度很高，吃起來方便是它的魅力之一。

其他的柑橘類

柑橘種類眾多，各具特色，不會有一定要使用哪一種不可的情形。不妨利用自己喜歡的品種去作各種嘗試，並參酌以下列的各種柑橘特徵。
◆椪柑　果汁稍少，口感脆脆的。酸甜調和。
◆日向夏　黃色果肉連同白色的皮一起吃。清新爽口而微酸。
◆八朔柑　酸、甜、苦均衡。果實硬，皮薄好剝。
◆清美橘　甜味濃而單純。和西式點心（慕斯或奶油）等味道很合。

日本產檸檬

檸檬常用來提升甜點或料理的風味。若不在意產地，一年四季都可以買到，無蠟、不使用防腐劑、無農藥等安全的日本產檸檬，產季在冬天。

【產期】10至12月
【特徵／味道】
酸味較進口的柔和。若無蠟及不使用防腐劑，可連皮一起安心使用。只放點果皮就香氣十足。
【保存方法】
放置冰箱可冷藏一個月，但切開後就要儘快用完。
【MEMO】香味極佳，榨汁兌水或氣泡水飲用皆適宜。還可連皮切薄片放在飲料上。

石榴

【產期】10至1月
【特徵／味道】
味道酸甜，香氣獨特。含豐富的雌激素，被認為可有效預防老化及婦女病。
【美味選購技巧】
果實新鮮不乾燥，富有彈性且無龜裂。
【保存方法】
放置冰箱可冷藏一個月。但切開後宜及儘快食用。
【MEMO】打成果汁也很好喝。

國家圖書館出版品預行編目(CIP)資料

極致美味,味蕾覺醒!:好想吃一口的幸福果物甜點 /
福田淳子著；瞿中蓮譯. -- 初版.--
新北市：良品文化館出版：雅書堂文化發行, 2013.10
　面；公分. -- (烘焙良品；22)
　ISBN 978-986-7139-85-6(平裝)
　1.點心食譜
427.16　　　　　　　　　　　　　　102006362

福田淳子　Junko Fukuda

甜點研究家暨餐飲規劃師。累積咖啡館等店鋪的餐飲料理開發，與店鋪設立經驗後自行獨立。以「在家也能作的美味甜點」為主題，創作一般家庭也可取得食材的各種甜點配方。最喜歡的季節和水果是春天及桃子。最愛的書中甜點是「白桃卡士達鮮奶油蛋糕」與「葡萄柚薑味鮮奶油蛋糕」。

BLOG／Small,Good Things
http://sakuracoeur.petit.cc/

STAFF

Art Direction & Design
高市美佳（最愛的書中甜點是→櫻花抹茶塔）

Photograph
砂原　文（最愛的書中甜點是→Pione 葡萄薑亞起司蛋糕）

Special Thanks
西澤淳子（最愛的書中甜點是→南瓜奧利奧鮮奶油蛋糕）
藤田芽衣（最愛的書中甜點是→玫瑰紅茶鮮奶油蛋糕）

材料提供
cuoca
http://www.cuoca.com

造型協力
AWABEES
奧 絢子（P.84 盤子）

烘焙 良品　22

極致美味，味蕾覺醒！
好想吃一口的幸福果物甜點

作　　者／福田淳子
譯　　者／瞿中蓮
發 行 人／詹慶和
總 編 輯／蔡麗玲
執行編輯／蔡毓玲
編　　輯／林昱彤・詹凱雲・劉蕙寧・黃璟安・陳姿伶
封面設計／陳麗娜
美術編輯／周盈汝・李盈儀
內頁排版／造極
出 版 者／良品文化館
發 行 者／雅書堂文化事業有限公司
郵政劃撥帳號／18225950
戶　　名／雅書堂文化事業有限公司
地　　址／220新北市板橋區板新路206號3樓
電　　話／(02)8952-4078
傳　　真／(02)8952-4084
網　　址／www.elegantbooks.com.tw
電子信箱／elegant.books@msa.hinet.net

2013年10月初版一刷　定價 350 元

JYUNIKAGETSU NO KISETSU NO KUDAMONO WO UNTO TANOSHIMU
TARAT TO CAKE by Junko Fukuda
Copyright © 2011 Junko Fukuda　© Mynavi Corporation
All rights reserved.
Original Japanese edition published by Mynavi Corporation
This Traditional Chinese edition is published by arrangement with
Mynavi Corporation, Tokyo in care of Tuttle-Mori Agency, Inc., Tokyo
through Keio Cultural Enterprise Co., Ltd., New Taipei City, Taiwan

總經銷／朝日文化事業有限公司
進退貨地址／235新北市中和區橋安街15巷1號7樓
電話／（02）2249-7714　　傳真／（02）2249-8715
星馬地區總代理：諾文文化事業私人有限公司
新加坡／Novum Organum Publishing House (Pte) Ltd.
20 Old Toh Tuck Road, Singapore 597655.
TEL：65-6462-6141　　FAX：65-6469-4043
馬來西亞／Novum Organum Publishing House (M) Sdn. Bhd.
No. 8, Jalan 7/118B, Desa Tun Razak, 56000 Kuala Lumpur, Malaysia
TEL：603-9179-6333　　FAX：603-9179-6060

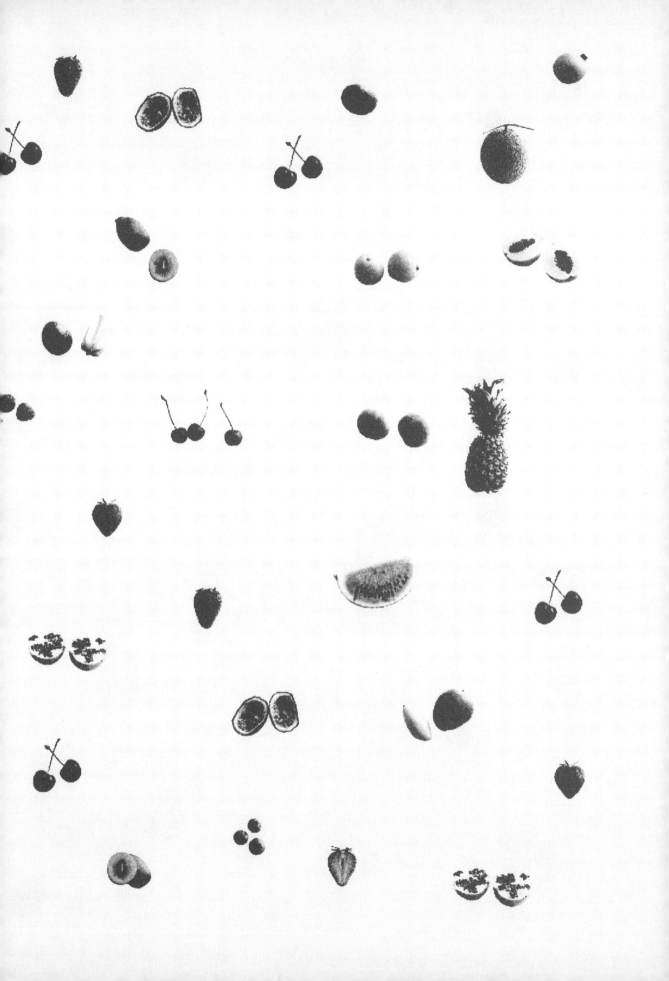

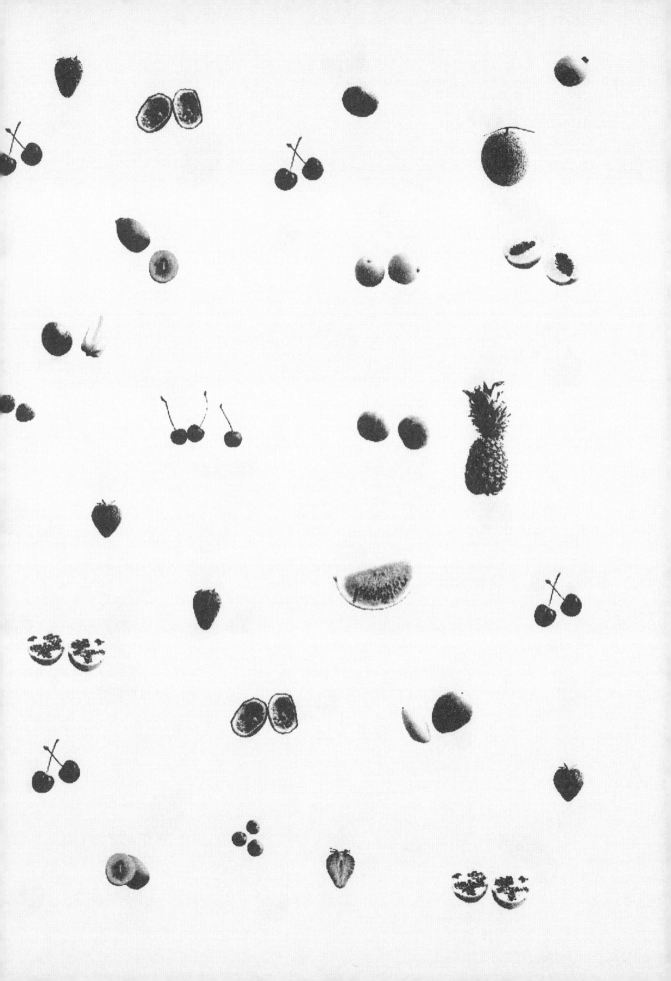